大災害とラジオ

大牟田智佐子

共感放送の可能性

ナカニシヤ出版

はじめに――ラジオ、この不思議な世界

食卓の近くにラジオがあり、いつも鳴っているような家で育った。ラジオの深夜放送を聴かなければクラスの話題に入れない中学時代を過ごした。投稿が読まれた同級生はその日一日、皆の尊敬を集めた。パーソナリティーに差し入れをする同級生と一緒に、学校の近くにある放送局の楽屋口にできた長い列に並んだ。

就職したのは放送局だった。最初の配属がラジオだった。伝説の番組を担当するディレクターたちがキューを振る後ろ姿は、揃いも揃って格好よかった。「ラジオはウソがつけない。声は人格をも映す」と教えられた。会社の受付に毎日決まってやってくるヘビーリスナーがいた。パーソナリティーに会いたいと言うが会わせるわけにはいかない。「あ、また○○さんね」とディレクターが下りて行っては笑顔で対応した。なんなんだ、この世界はと思った。

佐藤多佳子の小説『明るい夜に出かけて』（〔1〕）に、ラジオで社会とのつながりを取り戻してい

く孤独な若者たちが登場する。「イヤホンから耳に落ちてくる」ラジオパーソナリティーの声の「近さ」について、主人公はこう独白する。「同じ部屋にいるんじゃないかってくらい近い。この謎の距離感こそが、ラジオの生放送だ。テレビじゃ絶対にない」（［1］二二六頁）。こう感じるリスナーが多いのは明らかで、パーソナリティーやスタッフのことを「お友達」だと思っているようだった。

テレビに異動し五年間報道記者をしたのち、一九九八年、再びラジオに戻った。テレビでは一九九四年、突如「地震記者」を命じられ、一九九五年一月一七日、本当に地震が起きてしまったので災害担当記者になった。「地震記者と名乗りながら自分はいったい何をしていたのか」と頭を殴られたような衝撃だった。ラジオでも最初は肩に力が入り「わかりやすく防災を解説しよう」とか「最新の知識を伝えよう」としていた。しかしどうも反応が鈍い。そのうち、伝えたいことを一方的に伝えるのではなく、リスナーの反応を聞くようになった。自分もたびたびラジオに出ては解説やリポートをした。徐々に反響が寄せられるようになった。残業後の深夜帰宅でタクシーを呼び止め、行先を告げると「田中記者（筆者の旧姓）ですね、前にも乗せましたわ」と運転手さんに言われた。筆者がプロデューサーを務めていた災害番組のリスナーで、名乗らずとも声でわかったという。ラジオでどんな話が聴きたいですかと防災の話で盛り上がった。なんなんだこの世界は、とまた思った。

同僚が担当していた時事川柳番組で、リスナーを集めた小さな集いを局で開いた。手伝いに駆り出された。リスナーたちは本名で受付を済ませたあと「実は私……○○（ラジオネーム）です」と名乗った。途端に場の空気が一変し「えっ、あの○○さんですか！　私△△です」「△△さん！　この前の川柳、秀逸やったねえ」と初対面のはずが同窓会のようになった。一方で災害番組には、古い新聞記事の切り抜きが送られてきたことがあった。「阪神大震災で大学生の息子さんを亡くしたこのお母さんのことが気になり記事を捨てられません」という手紙が添えられていた。その「お母さん」は広島にいた。切り抜きを同封し手紙を送ると、驚きながらも喜んで出演してくださった。打ち合わせではパーソナリティーたちと、筆者らスタッフが、話を聞きながら代わる代わる泣いた。このお母さんだけではない。それまでメディアに登場したこともなかった一般の人たちがゲスト出演し「ラジオだと不思議と話せる」と言った。なんなんだこの世界は、とここでも思った。

　日常でラジオを聴く人は年々減り、ラジオのこうした世界を想像してもらうのは難しくなった。ラジオは「非常持ち出し袋に入れておくだけのもの」「終わったコンテンツ」とさえ思われている。しかしながらラジオの存在意義は「災害時の情報入手手段」という無機質な言葉だけで語られていいものだろうか。ラジオの向こうのパーソナリティーやリスナーとつながっている感覚、自分もラジオの一員として参加している感覚、その感覚が被災者を救い、復興を後押しし、減災・防災にも役立つ可能性があることを、客観的なデータで示せないだろうか。そこで導き出したのが災害時の「共感放送」というラジオの特性である。本書は博士論文「災害放送におけるラジオの役割に関する研究」に基づいている。筆者は放送局に務める「メディアの中の人」であるが、ラジオの職場を離れて久しい。本書は「共感放送を行うラジオが棲息できる寛容な社会であってほしい」という筆者のただの願望かもしれない。あるいはラジオの実務に携わる方々にとって本書の主張は「理想論」に過ぎないかもしれない。それでもラジオは今日も、声に「情報」以外のものをのせ、人の心を温めているはずだ。そのことをこれからひも解いていこうと思う。

ソーシャル・ネットワーキング・サービス（SNS）の「Twitter」は二〇二三年「X（エックス）」と名称を変更したが、本書では当時のインタビューなどについては「Twitter」の名称を用いた。また、引用文献の旧字・旧仮名づかいは原文のままとし、一部にルビをふった。引用・参考文献については［1］［2］と番号で示し、巻末の参考文献に番号とともに記載している。

目次

第1章　「災害時にはラジオ」と言われる背景

1　ラジオの存在意義とは

災害時にラジオの機能が評価されてきたのは主に災害直後の情報入手手段としての役割である。音声だけのメディアであるラジオは受信機と電池があればどこでも聴くことができ、災害時、電話のように輻輳《ふくそう》せず、インフラやライフラインに被害が生じた場合でも情報を入手できる。テレビも電話もインターネットも使えない、そんなときでもポケットラジオさえあれば情報が得られるという理由から、長らく災害時にはラジオが必需品であると認識されてきた。

近年では東日本大震災（二〇一一年）で、震災時に利用したメディアとしてＡＭラジオの評価が六〇・一％と最も高く、ＦＭラジオがこれに続いていた。総務省の調査でも「震災当初はラジオが唯一の情報入手手段であった」など、ラジオの評価が高かったという結果が出ている（［2］）。ただ同時に、インフラが壊滅状態となり被災地で電話回線を経由するやりとりが困難となったことで、大手メディアには流れない情報の伝達・意思疎通の場としてインターネットをプラットフォームとするソーシャルメディアが注目されるきっかけともなった。

しかしその七年後に発生した北海道胆振東部地震（二〇一八年）で再びラジオは情報入手手段として注目される。北海道全体がブラックアウト（電力供給停止）となり、インターネットを経由するメディアはほぼ使用不可能となったためである。北海道では「避難時にラジオの情報が役に立った」とする人が六二・三％、地震関連の情報を得るために当日ラジオを使用した人が六二・二％に上った。また「安心感を得るうえで役に立ったメディア」として六八・一％がラジオを挙げていた（［3］一四‐一七頁）。インターネットを経由したソーシャルメディアの存在感が増すなかでも、インフラが壊滅した場合など、被災者が必要な情報を入手する手段としてのラジオの役割が消滅していないことを示す結果だといえる。

しかしながら、情報を得ることができたからラジオは評価されたのだろうか。たとえば阪神・淡路大震災のとき「いつものパーソナリティー(1)の声が聞こえてほっとした」というリスナーの声が多くラジオ局に寄せられた（［4］）。東日本大震災でも被災三県を対象としたメディア調査でラジオが高く評価され、被災者から「ラジオに物心両面で救われた」「ラジオがなければ精神的にどうなっていたか考えると怖くなる」といった回答が多くみられ、ラジオが持つ心理的な効用が災害時には特に顕在化するという調査結果も出ている（[5]）。これらのリスナーはラジオから有用な情報を得ようとしたのだろうか。むしろ災害前の日常を思い出させてくれる放送内容や、緊張を煽ることのないパーソナリティーの声をただ求めたと考えられないだろうか。「災害時にはラジオ」と言われる背景には、どうやら「情報が取れるから」だけではない何かがありそうだ。

2　ラジオを取り巻く変化

とはいえ、ラジオを取り巻く環境は大きく変化している。ここでは（1）メディアの多様化、（2）災害の時代、（3）阪神・淡路大震災以降、変化するラジオの災害放送の三点を挙げることにする。

はじめに（1）メディアの多様化であるが、アメリカで世界最初のラジオの放送が行われたのは一九二〇年、日本でラジオが開局したのは一九二五年である（[6]）。その後テレビが普及し、災害時にはラジオとテレビが災害を同時進行で伝えるメディアとして影響力を持つようになった。なかでもラジオは誕生から一〇〇年を経た現在でも「災害に強いメディア」とされている。内閣府が行った調査でも、災害に備えて四五・一％が「携帯ラジオ・懐中電灯・医薬品などを常備している」と答えて

（1）「パーソナリティ」とする表記もあるが、本書では音声と表記を一致させ「パーソナリティー」とする。

おり（［7］）、「非常時にはラジオ」という意識は現在も一般に浸透しているものと考えられる。

しかし現在、従来のマスコミ四媒体（新聞、雑誌、ラジオ、テレビ）だけでなくインターネット経由のソーシャルメディアなどが広く普及し、利用されている。ソーシャルメディアには、登録された利用者同士が交流できる会員制サービスであるソーシャル・ネットワーキング・サービス（以下、ＳＮＳ）――Facebook、Twitter（現・X）、Instagram、LINE など――や動画共有サイトの YouTube などが含まれる。ＳＮＳは日本でも、二〇一一年の東日本大震災などを契機として〝メディア〟としての役割が注目されるようになった（［8］i頁）。ラジオはこれらのメディアとの比較で、時代遅れの「オールドメディア」と揶揄されることも多い。また民放ラジオの広告費はＡＭが一九九一年の二〇四〇億円、ＦＭが二〇〇〇年の九七四億円をピークに年々減少し（［9］）、二〇二三年にはコロナ禍からの回復を受け、ラジオ全体で前年を上回る一一二九億円に達したが日本の広告費のわずか一・六％を占めるに過ぎない（［10］）。受信機を触ったこともなくラジオをどのように受信するのか知らない若者も増えている。こうした多様なメディアが利用されるようになったことが、第一の変化である。

次に（2）であるが、日本は災害の時代を迎えている。ラジオを含むメディアの災害情報伝達が近年、大きく問われたのは阪神・淡路大震災（一九九五年）であった。これが契機となり「防災・減災に役立つ災害情報や、その伝達・受容のあり方などを調査・研究し、その成果を社会に提言することを目的に」日本災害情報学会が設立された（一九九九年）（［11］）ことなどをみても、災害情報を見つめ直すひとつの転換点となったといえる。実際に、日本で五〇〇〇人以上の死者・行方不明者を出す災害は伊勢湾台風（一九五九年）以来であった（[12]）。しかしその後も新潟県中越地震（二〇〇四年）や岩手・宮城内陸地震（二〇〇八年）、そして死者・行方不明者二万人以上となる東日本大震災（二〇一一年）、さらに熊本地震（二〇一六年）、北海道胆振東部地震（二〇一八年）など立て続けに地震災害が起きており（[13]）、そのたびに被害の様相は異なり、情報をめぐる課題などが新たに見いだされている。さらに災害の激甚化・局地化も指摘されている。たとえば近年だけでも平成三〇年七月豪雨（二〇一八年、死者・行方不明者二七一人）、令和元年東日本台風（二〇一九年、死者・行方不明者一〇八人）、令和二年七月豪雨（二〇二〇年、死者・行方不明者八六人）など立て続けに豪雨災害が発生している（[14]）。このうち「令和元年東日本台風」については、一九八〇年以降の気温上昇（約一度）により、総降水量が一〇・九％増加したものと分析されている（[15]）。また近い将来、南海トラフ巨大地震や首都直下地震などの発生も予測され、かつてとは異なる災害対応や情報伝達が求められている。このような災害の頻発化、局地化、激甚化などが変化の二つめにある。

そして（3）であるが、阪神・淡路大震災以降の災害放送も変化していることが挙げられる。なかでも災害の激甚化にともない、被災者の生活再建や災害関連死の問題など、直ちに解決しない課題を長期に取り上げる必要性が出てきている。また障がい者や高齢者が抱える日常からの生活上の困難が災害で顕在化する問題（たとえば[16]）、生活再建の過程で露呈する復興格差（たとえば[17]）も指摘されている。このため長期にわたって丹念な災害放送を続ける必要性が生まれている。

3　ラジオの災害放送はどのように位置づけられてきたのか

では、ラジオの災害放送はこれまでどのように論じられてきたのだろうか。

災害情報研究の第一人者、故・廣井脩は、国民の財産である電波を使う公共機関として放送事業者が防災機関としての役割を果たすことは義務であり、同時に災害時にもジャーナリズムとしての機能を持たなければならないとし、災害放送には「防災放送」「被害報道」「安否放送」「生活情報」の四パターンがあると定義づけている（[18]一三三―一五二頁）。

廣井によれば「防災放送」とは「火を消してください」とか「車を左側に寄せてエンジンを切ってキーをつけたまま避難してください」といった、災害の被害をできる限り小さくし、二次被害を防止するために行う放送のことである。また「被害報道」は、言うまでもなく被害の実情を正確に伝える放送である。廣井はセンセーショナルな被害報道に走ってはならないとする一方で、阪神・淡路大震災では情報収集のプロである報道機関でも災害情報の収集が困難であったことから、日頃からの情報収集の仕組みづくりの重要性を説いている。また「安否放送」は災害時に放送が一般市民の安否情報を伝えるもので、廣井はこれが新潟地震（一九六四年）で始まったとし、災害によって電話が通じなくなり家族の安否を知りたい人が放送局に電話し、家族が放送を聞いていたら連絡してくれ、と伝える日本の放送局の独自のパターンだとしている。四つめの「生活情報」は、避難所にいる被災者や、ライフラインが途絶えた場所で生活する市民に向かって出す情報で、電気、ガス、水道、交通、通信といったライフライン情報を収集し、復旧状況を知らせるものである。廣井は、この四つはいずれも、放送局が扱う重要な災害放送の要素であるとした。また廣井はテレビとラジオの立場の違いについても言及している。新潟地震の際、当時のＮＨＫ新潟放送局やＢＳＮ新潟放送では、被災地域に向けてはラジオに重点を置き、当時普及し始めていたテレビは被災地の外に対して地震の惨状を伝える方針がとられたことを挙げ「ラジオは被災地向け、テレビは被災地外へというこの方針は、その後の災害放送を一貫して貫く基本的立場になった」（［19］一三頁）とした。実際、その後、阪神・淡路大震災の際、ラジオはこのうち被災地に向けた生活情報をきめ細かく伝えることで、その機能が高く評価された（［20］一〇八‐一一一頁）。どこに行けば水が汲めるか、道路や鉄道はどこまで復旧しているかといった生きるための情報をラジオが流し続けたことはよく知られている。

4　ラジオが持つ親密性

ラジオという音声メディアが持つ特性――特に親密性についても、これまでに多くの研究がある。マクルーハンは「ラジオは大多数の人びとに親密な一対一の関係をもたらし、著者＝話し手と聞き手との間に暗黙の意思疎通の世界をつくり出す」（［21］三一一頁）と述べている。またこうした「ラジオの直接的な側面」とともに、人々の内面に及ぼす影響を「ラジオが識閾下の深層に働きかけるとき、そこには部族の角笛や古代の太鼓が反響し合う世界が生み出される」（［21］三一一頁）と述べて「人の心と社会とをまったく一つの共鳴室に変えてしまう」（［21］三一一頁）というラジオ・メディアの本質を指摘した。

一方でマクルーハンは、印刷について「まず第一に人間を非部族化し、非集団化するアルファベット文化の最終段階である」、「印刷技術とは個人主義の技術なのだ」（［22］二四二頁）として、各々が好きな時に好きな場所で好きな本を読むことを可能にした印刷技術が、人間を親密な関係から切り離したとしている。しかし同時に、マクルーハンは「われわれの電気文化はわれわれにふたたび部族社会的な基盤をあたえつつある」（［22］五二頁）として、電子メディアの登場によって人々が声の時代に持っていた原始的な感覚を取り戻し「ラジオが人類をふたたび部族化させる」（［21］三一六頁）と主張した。

マクルーハンの弟子であるオングも「エレクトロニクスの技術は、電話、ラジオ、テレビ、さまざまな録音テープによって、われわれを「二次的な声の文化」の時代に引きずりこんだ」（［23］二七九頁）とし、ラジオなどの電子メディアは、言語が出現する以前の音声によるコミュニケーションの時代の感覚にわれわれを回帰させると主張している。オングは視覚と聴覚の違いを次のように述べている。「視覚は、一どきに一方向からしか人間にやって来ない。つまり、部屋を見たり風景を見たりするためには、眼をあちこちに動かさなければならない。ところが、聞くときには、同時にそして瞬時に、あらゆる方向から音が集まってくる。つまり、わたしは、自分の聴覚の世界の中心にいる。その世界はわたしを取りかこみ、わたしは、感覚と存在の一種の核の位置にいる」（[23]一五三頁）。このようにオングは「音は聴く者を世界の中心に置く」とする。

「ラジオは、みなさんではなく、あなたに語りかけるメディア」（[24]一七一頁）と言われるのも、こうした音の作用によるところが大きいだろう。人の声には感情がこもるため、文字だけを追うよりも話し手の意図が伝わりやすい。また、完成された音と映像のパッケージであるテレビと比較すると、音だけのラジオは聞き手に想像する余地を与え、聴く者をその世界に浸らせるという特徴を持っているといえるだろう。

5　本書の目的

本書の目的は、災害放送と減災コミュニケーションにおけるラジオの役割を明らかにしようとすることである。そのため、ラジオは前述の「災害放送の四つのパターン」だけでなく、別の災害放送のパターンも持っているのではないか、という仮説をもとに検証していくことにする。

ここで、前提となる用語について説明しておきたい。まず「減災」という用語である。半世紀近く防災を研究する工学研究者の河田惠昭によれば防災は「被害を出さない工夫」であり、それに対し減災は「被害の出るのは避けられないができるだけ被害を少なくしようという試み」である（[25]一二九-一三二頁）。本書で扱うラジオの災害放送は防災・減災のどちらか一方を排除することはないため、

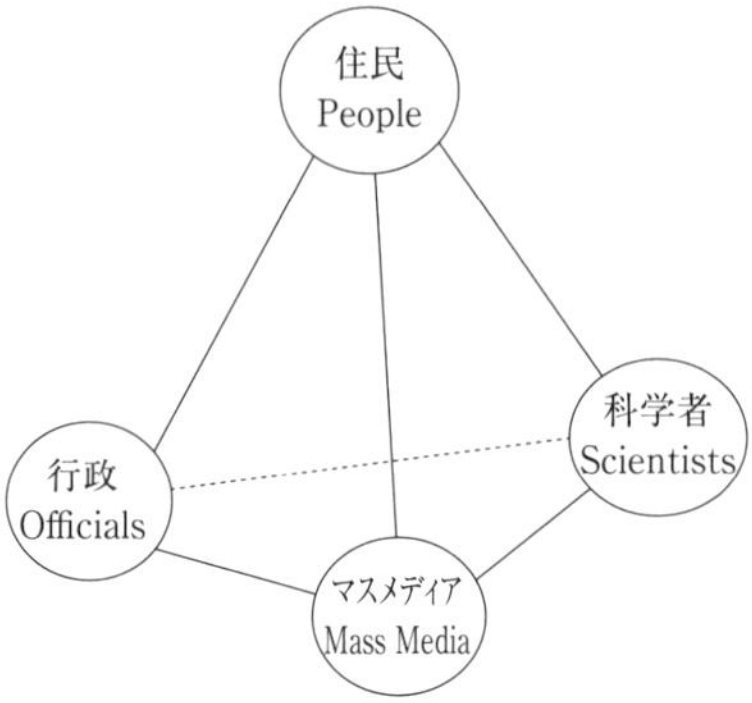

図1　減災のテトラヘドロン

災害が起きる前に被害を未然に防ぐ、あるいは被害を少しでも減らそうとする取り組みを指す言葉として「防災・減災」という表現を用いることにする。次に「減災コミュニケーション」という用語は、たとえばリスクコミュニケーションを重視する地震・火山学者岡田弘によって用いられている。岡田は有珠山噴火（二〇〇〇年）の際、地元在住の研究者として噴火予測や住民避難に関する災害情報の発信にかかわったが、気象庁が出す火山情報に「従い行動すれば減災が達成できるはずということになる。しかし実態はそれほど単純でないことは、噴火を経験した首長さんたちを始め、多くの地元行政や住民たちが語り続けてきたこと」（[26]三九頁）であると指摘し、災害情報をそのまま行政や住民に伝えるだけでなく、情報が理解されるためのコミュニケーションが必要であるとする「減災コミュニケーション」の考え方を示している。岡田のこの考え方は、専門家・防災関連機関・報道機関が連携し市民に情報を伝える「減災のテトラヘドロン（正四面体構造）」（[27]一一三頁）のモデルによっても示されてきた（図1）。

　また災害ボランティア団体の代表も務める心理学者の渥美公秀らは「専門家と一般市民、利害関心の異なる人々をつなぐコミュニケーション・ネットワークの構想・設計」（[28]一九七頁）とされるコミュニケーション・デザインを論じるなかで、減災コミュニケーションにおいて「減災」を「防災」に代わる事前の準備としてのみとらえることの危険性について触れ、減災はむしろ、救急救命から復興、そして防災にいたるまでの災害サイクルの全般について、その現状の打開と改善を目指して取り入れるべき考え方であるとしている〔[28]〕。さらに、半世紀以上にわたり防災や災害復興の研究を続ける室﨑益輝は「減災コミュニケーション」をリスクコミュニケーションとロードマップコミュニケーションの二つをあわせもったものだと位置づけている〔[29]〕。そしてその理由を「リスクコミュニケーション」によってリスクを強調し危険性を煽るだけでは「狼少年」あるいは「マッチポンプ」にしかならず、減災を目的とするならば、被害の軽減をはかる道筋を示すロードマップコミュニケーションがあるべきだからだとしている。これらをふまえ、本書では「減災コミュニケーション」について「専門家や行政機関などが一般市民に対し災害のリスクや危険性を一方通行で伝達するだけでなく、それを回避・軽減するための行動指針や希望につながる情報などを互いに理解を深めながらやりとりし、防災・減災につなげていくこと」と定義する。

次に「災害放送」という用語である。通常、災害に関するマスメディアのニュース報道・情報伝達は「災害報道」と呼ばれ、報道記者が取材している。しかしラジオの多くは新聞やテレビと異なり「報道」と名の付く部署を持たない。第3章で述べる民間放送（以下、民放）ラジオ全社アンケートでは、報道と名の付く部署があるのはAM四八局中八局、FM五二局中二局であった（調査当時）。しかしたとえ報道部署がなくてもラジオは放送法第一〇八条によって災害時、被害軽減や防止のため

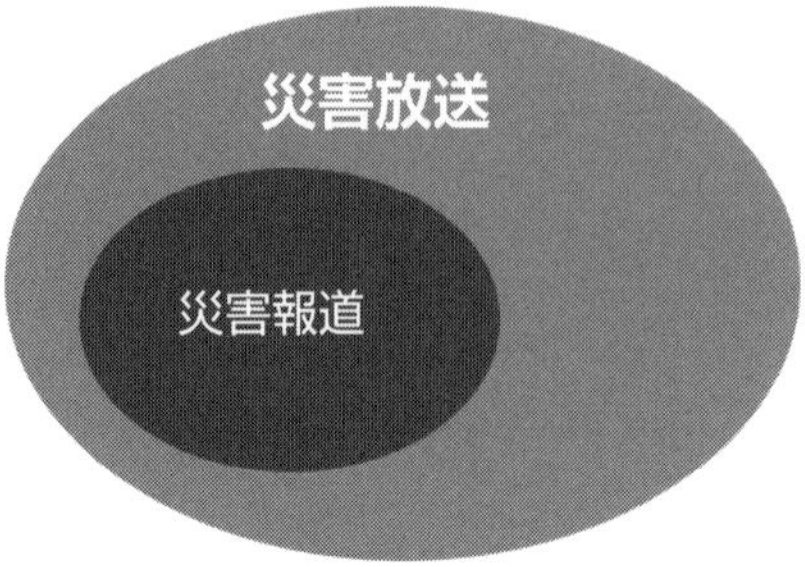

図2　災害放送と災害報道の概念

の放送が義務付けられている（たとえば［30］）。過去の災害では、ジャーナリスティックな災害報道ができなかったとしても「被災者が困っていることを次々に紹介した」「少しでも日常を感じられるよう音楽をかけた」といった内容で放送を続け、リスナーに支持された例もある。筆者はラジオ担当者として日本民間放送連盟の研修を受けた際「ラジオは災害報道ができないと卑屈になる必要はない。音楽や励ましの言葉を紡ぐ災害放送をすればよいのではないか」といった議論に参加したことがある。災害時、ラジオが行っているのは狭義の報道だけではなく、被災者を励ます広義の「災害放送」である（図2）。このことから本書ではラジオが担うのは「災害放送」だという前提で議論を進める。

6　民放ラジオを対象とする理由

本書で扱う「ラジオ」は民放ラジオを対象としている。その理由は、災害時における役割が規定されていることと、地域に根ざした放送が可能なこと、そして災害放送を担える規模と歴史が存在するからである。

第5節で述べたように放送法第一〇八条によって放送メディアは災害時の放送が義務付けられている。また気象業務法第一三条では、気象の予警報が発表された場合、気象庁から直ちに報道機関に通知され、報道機関はこれを公衆に周知させるように努めなければならないとされている（[31]）。さらに災害対策基本法のなかでＮＨＫは指定公共機関、民間放送局は指定地方公共機関として位置づけられ、業務を通じて防災に貢献しなければならない。ただ受信料を主な財源とする公共放送であるＮＨＫは、広告収入や有料放送の料金収入を基盤とする民放とは放送法上でも異なる扱いとなっている。また全国統一組織であるＮＨＫに対し、民放は地域放送を基軸として設置されてきた歴史があり（[32]）、原則、都道府県を単位として放送免許を交付されてきたため、地域に根ざした放送が可能である。また民放連に加盟するラジオ局には日本で民放が誕生した一九五一年当時から存在する局もあり、災害放送の経験がそれなりに蓄積されている。

一方で災害時には、コミュニティ放送（以下、コミュニティＦＭ）や臨時災害放送局（以下、臨災局）が大きな評価を受けている。コミュニティＦＭはＮＨＫや民放と同じく地上基幹放送局であるが、最大出力を二〇ワットとし、市町村やそれ以下の単位のコミュニティを放送エリアとする日常の地域メディアである。これに対し、臨災局は災害発生後に、被災した地域への災害関連情報や復旧・復興に関する情報を提供する目的で開設されるもので、放送エリアは「災害対策に必要な地域の範囲内」とされている。これらのラジオ局についてはこれまでも数多く研究されており、被災者に寄り添い、きめ細かな災害・復興情報を発信できるコミュニティＦＭの利点（たとえば[33][34][35]）や、豪雨災害などで避難勧告などの情報を通知する手段としてのコミュニティＦＭの可能性（たとえば［36］）が明らかになっている。また聞き取り調査によって臨災局の現状と課題を示した研究（たとえば［37］）や、避難情報伝達システムとしての臨災局の重要性を論じた研究（たとえば［38］）、被災者の視点に立つことや災害文化の継承に貢献するといった臨災局の特性を明らかにした研究（たとえば［39］）などがある。これらの研究が指摘するのは狭い地域に特化した情報発信や全国規模のニュースに左右されない情報伝達、被災者と共に復旧・復興を見守るといった、地域密着型のラジオとしての役割である。

　しかし地域密着型のコミュニティＦＭには課題も多い。局に蓄積される災害経験や人員が必ずしも十分とはいえず、災害時には被災の全体像を把握するための取材や情報が不足する可能性もある。また放送法・電波法上、一部の項目については放送の条件が緩和されており、たとえば毎日の放送は努力義務となっている。また経営が不安定な局も多く、阪神・淡路大震災の被災地で多言語放送を続けてきたＦＭわぃわぃも経営危機などを理由に二〇一六年に放送免許を返上しインターネット放送局に移行するなど、一九九二年の制度化以降、三二局が廃止されている（二〇二二年一二月一日現在［40］）。また災害発生後に開設される臨災局については、コミュニティＦＭの設備を使用するなど既存のコミュニティＦＭが協力することも多い。ただ臨災局は災害前には存在しないため、本書でのちに述べる災害前の予防報道から復興までの長期にわたる分析をすることができない。これらをふまえ本書では、地域性と災害放送の経験があり、日常と災害時の継続的な放送を担う民放ラジオを対象とした。

7　本書における「ラジオ」の定義

本書が意味するところの「ラジオ」は、ラジオというメディア（媒体）だけではなくラジオに携わる制作者やパーソナリティーなど出演者、ラジオが発信するコンテンツなど人や放送内容、放送局という組織を含む幅広い概念でとらえている。メディアは本来、コミュニケーションを媒《なかだち》する事物のことであり（[41]二六頁）、それ自体はいわば無色透明の存在であると考えられてきた。しかしマクルーハンが「メディアはメッセージである」（[21]七頁）と主張したように、メディアはそれ自体に作り手の主張や思いがのったものであるとして、その存在意義が変化してきた。「メディア論は、「媒体」だけの研究ではなく、それが広く人間や社会にもたらす「媒介」という作用の研究を含んでいる点が肝要」であるという指摘もある（[41]二六-二七頁）。さらには、媒体（メディア）の働きである「媒介（メディエーション）」は情報の「伝達」と、感情や思想の「共有（交感）」という二つに分けてとらえることができ、メディアの働きはこれらの二者択一ではなく、それらが複合して成り立っているととらえるべきだという考え方もある（[41]二七頁）。こうした考え方に基づき、本書では「ラジオ」という概念を幅広くとらえ、第2章でメディアとしてのラジオ、第3章で放送局・制作者としてのラジオ、第4章で制作者やパーソナリティーとしてのラジオ、第5章でラジオの番組コンテンツや制作者、出演者としてのラジオを扱うことにする。

8　本書の構成

本書の構成は以下の通りである。

第1章では災害時の必需品とされるラジオを取り巻く背景と本書の目的を述べた。第2章ではラジオのメディアとしての歴史および日本における災害放送の歴史、また日本で発達した「生ワイド番組」と「パーソナリティー」そして「聴取者参加」といったラジオ番組の形態が生まれた背景について述べる。第3章から第5章は事例分析である。第3章ではラジオの災害放送において制作者らが何を誰に伝えようとしているのか、また日常の放送との関係性について明らかにするため、ラジオ局へのアンケート調査をもとに分析する。この結果から、ラジオの災害放送が持つ第五のパターンが見えてきた。第4章ではリスナーにとってのラジオの災害放送は何か、地震災害でラジオ局に送られたメールをもとに分析する。ここでも第五のパターンが確かめられた。さらに第5章では災害放送が長期に継続した場合のケースを分析する。そして、これら三つの事例から導き出されたラジオの災害放送に見られる特性――「共感放送」について第6章で考察する。そして第7章で今後のラジオの災害放送に関する提言を行う。

第2章　いまのラジオが形成されるまで

本章ではラジオというメディアが誕生し、現在のような災害放送を行うようになるまでの歴史を振り返るとともに、ラジオのメディア特性について述べることにする。

1　ラジオの誕生

ラジオの由来は一八三七年、アメリカのモールスが発明した電信機にまでさかのぼる。それはケーブル敷設を必要とし、モールス信号によって通信を行うものだった。その後一八七六年、人の声や音楽をそのまま電線を介した電気信号で伝える電話をグラハム・ベルが発明すると、一八八〇年代にアメリカとヨーロッパの都市で急速に普及した。初期の電話は、放送に似た使われ方をしたといわれる。電話の加入者に牧師の説教やコンサートなどを送信していたのである。なかでも一八九三年からハンガリーのブダペストにあるテレフォン・ヒルモンド社が開始したサービスは最も注目された。これは、毎日、朝から夜までほとんど休止時間を置かず、大体三〇分刻みで番組を編成して、電話加入者に向けて送信し、加入者はイヤホンで聴取するというサービスであった（［6］）。

　社会学者の吉見俊哉はテレフォン・ヒルモンドについて、二〇年以上にわたり、毎日、政治や経済、スポーツのニュース、講演、演劇、音楽会、朗読といった番組をマジャール語で加入世帯に提供し続けた特筆に値する存在だとする一方（［42］一一三-一一八頁）、草創期の電話を考えるうえで「見過ごすことのできないのは電話交換手たちの役割である」（［42］一二〇頁）と指摘し、以下のように述べている。交換手のほとんどは女性であったが、たとえば、電話普及の初期にあたっては、一部の交換手たちは回線網がすべて正常につながっていることを確かめるために、毎朝、各々の家に電話をかけて朝の挨拶をしなければならなかった。当然、契約者たちはこうした際に不満や尋ねごとを伝え、二言三言の世間話もしたと思われる。その結果、交換手のところには住民一人ひとりからの情報が集約されていくことになった。交換手たちは顧客たちの問い合わせに答え、選挙の結果やスポーツの試合の結果を教えたり、さまざまな相談に乗ったりしていた。たとえば、ある交換手は加入者の家の子どもから、母親がひどい怪我をしたとの電話を受け、さっそく医者を手配した。また大火の際には交換局に最後までとどまり近隣住民に避難を呼びかけることもした。それだけでなく、災害の際にはその状況や火事が起きている場所、道路の積雪状況などを伝える情報も加入者に提供していた。当時、女性交換手たちは、自分が地域の情報網の結節点として重要な責任を担っているのだという自覚を持っていた（[42]一二四-一二五頁）。現在もラジオは、特に災害時に重要な情報の結節点となり、情報の多くはリスナーから集まる。こうした現在のラジオの特性は、その原型である電話の歴史をみれば理解できるといえる。

日本では一八九〇年、東京、横浜両市内と両市間を結ぶ一般加入電話が始まった（[43]一四頁）。一方、線を必要としない電磁波については一八八八年、ドイツでヘルツが電磁波を実験で証明した。すると一八九五年、イタリアのマルコーニが無線通信を発明し（[44]一〇頁）、船会社や新聞通信社、さらには軍隊が、無線電信を利用することになった（[6]）。マルコーニはさらに一九〇一年、大西洋を横断する長距離の無線通信を成功させた（[44]一〇頁）。次に人々は人の声や音楽などを無線電信によって送ることを考え始める（[6]）。一九〇六年にアメリカのド・フォレストが三極真空管を発明すると、一気にラジオの放送が考えられるようになった。そして一九〇六年のクリスマスイブ、アメリカのフェッセンデンがラジオの放送を初めて実験する。無線電話で独唱とバイオリン独奏の音楽を電波にのせた（[44]一〇-一一頁）。

一九一四年、第一次世界大戦が始まると、無線通信機は有力な新兵器のひとつとなり、戦闘に不可欠な情報の収集や伝達・連絡が迅速、的確に行われるようになった（[43]一五頁）。アメリカではゼネラルエレクトリック（ＧＥ）とウェスティングハウスの二大電気機器メーカーが、連合国とアメリカ政府の発注をほとんど一手に引き受けて大きな利益を上げる。しかし一九一八年に大戦が終結すると両社は大きな市場を失った。ＧＥは、戦後いち早くＲＣＡ（ラジオ・コーポレーション・オブ・アメリカ）を設立してヨーロッパ諸国との国際無線事業に乗り出した。出遅れたウェスティングハウスは、放送の分野に目を付けた。これが「無線機」としてのラジオではなく「放送」を提供するラジオという発想につながった（［6］）。実はアメリカでは大戦終了後、従軍していた無線通信員が大量に帰還し、アマチュア無線家として全米で無線局を開局していた。アマチュア無線局では実験用プログラムとして音楽や短いメッセージを流すようになり、次第にさまざまな反響や要望が届くようになってきた（［45］二六頁）。そのなかにウェスティングハウスのエンジニア、コンラッドもいた。コンラッドが社業とは関係なく独力で続けていた実験をアマチュア無線家たちが聴き始め、うわさを聞きつけた音楽店がレコードを貸し出すかわりに店の名前をラジオで流してくれと要望してきたり、地元のデパートがラジオを聴くための無線機器の販売促進をもくろみ広告を打ったりした。この広告を見たウェスティングハウスの副社長がラジオの可能性に目を付け、放送局設立を決める。一九二〇年、定時放送をする世界で最初のラジオ局が誕生した。それがアメリカ・ピッツバーグのＫＤＫＡ局である（［46］六二–七三頁）。ＫＤＫＡはラジオ受信機の普及を目的とするため大統領選挙の開票日にあわせて開局し、速報中継は人々に大きな反響を呼んだ（［44］一一頁）。

一方でラジオは植民地との直接的コンタクトを望んだ旧宗主国にも利用され、一九二〇年代からオランダ、ドイツ、フランスに続きイギリスのＢＢＣが短波による国際放送を始めたほか、アメリカでは第二次世界大戦期に国際放送の重要性が見いだされ、国営放送としてＶＯＡ（ヴォイス・オブ・アメリカ）が創設された（［47］）。また、ナチス・ドイツがその理念を国民に浸透させるため管轄下におくなどラジオは思想教育にも利用された（たとえば［48］）。他方、冷戦期の東欧に「客観的なニュース」を伝えようとＲＦＥ（ラジオ・フリー・ヨーロッパ）やＲＬ（ラジオ・リバティ）がともにミュンヘンに拠点を置き、東欧各国の国営放送が伝えない情報を伝え、チェコスロヴァキアのビロード革命で大きな役割を果たしたとされている（［47］）。

2　ラジオをめぐる災害史

日本でラジオが開局したのは一九二五年である。男子の普通選挙が実現する一方、治安維持法が成立した年でもある。戦争へと突き進むなかで、瞬時にあまねく同一の情報を伝達するラジオの機能が利用され、ときには虚構を含んだ大本営発表を行き渡らせることにもなった。その反省から出発した戦後のラジオは多様な番組を提供し、市井の人々にもマイクを渡す変革を行った。一方でラジオが直面した数々の災害は、同時性、速報性といったラジオの特性が最も発揮される局面でもあった。今日の災害放送は、ラジオ局が災害のたびに試行錯誤を積み重ねた結果である。ここからは、日本で起きた災害を軸にラジオの歴史を振り返ることとする。

ラジオ開局を後押しした関東大震災（一九二三年）

日本でのラジオ誕生は災害と深く結びついている。関東大震災（一九二三年）がラジオへの期待を人々に抱かせ、開局を後押しした。

ところで日本で初めて「放送」という言葉が公文書に登場したのはこれに先立つ一九一七年である。それは無線電信の世界で用いられた。第一次世界大戦中、インド洋を渡っていた日本の商船「三島丸」が「アフリカ沿岸にドイツの仮装巡洋艦が出没しているから警戒せよ」という意味の無線を受け取った。イギリス海軍基地と思われるところからだったが、応答を待たずに送ったものであったため、「三島丸」の無線電信局長の葛原顕が通信日記に「かくかくの放送を受信した」（強調は筆者）と書いた（［49］五三三頁）。「放送」は、発信者不明のためただ送り放しの通信という意味であったという（［44］一二頁）。

世界ではアメリカ（一九二〇年）に次いでイギリス、ドイツ、ソビエト、フランスなど一五か国がすでにラジオの電波を発信していた。こうした情報は日本にも伝わり、人々は「線がないのに遠くのものが聞こえる文明の利器」に大きな関心を寄せ始めていた（［50］一二頁）。またアメリカやヨーロッパのラジオの流行に影響されて、東京、大阪、名古屋では、民間の無線通信機器の輸入商や部品メーカーも現れてきた（［44］一二頁）。

ラジオ東京（現在のＴＢＳ）第一期生の社員で放送史研究者の竹山昭子によれば、日本政府は一九二二年ごろからラジオ放送について具体的な検討を始めていたが、なかでも新聞企業はラジオの持つ速報性・同時性に注目し、ラジオを掌握することによって新聞事業を発展させたいという意欲を持った（［50］一三頁）。このため主要各新聞社は一種のイベント・キャンペーンとして無線電話の実況公開などを行っていた。なかでも一般の人々に注目されたのは大阪毎日の実験で、一九二四年四月一八日から約一か月間、堂島の大阪毎日の本社と三越、大丸、高島屋、十合《そごう》などの百貨店との間でニュース報道や総選挙の開票速報などを流した。これがラジオ放送の持つ速報性に世の関心を集める契機となったとされる（[44]一三頁）。また竹山は当時の新聞記事から、放送開始前にすでにラジオ関連の記事のなかに「ラヂオ・ファン」「ラヂオ気分」という新しい造語がたびたび登場し「満都のラヂオ・ファンは」「大いにラヂオ気分をそそられた」というように使われていたと指摘する（[50]三三頁）。まだ見も聞きもしていない新文明・ラジオに心を奪われる人々がすでに多数存在していたのである。そして「「文明の利器によって、天来の声が居ながらにして聞こえるとはなんて不思議」というのが一般のラジオ・ファンのラジオ気分であった」とし、「ラジオ熱の高まりは、第一次世界大戦後の大正デモクラシーの時流のなかで大衆社会が求めたモダニズムの雰囲気と、まことによくマッチしていた」と分析している（[50]四〇頁）。このように放送に対する好奇心は放送事業化への要望となり、放送無線電話事業つまりラジオの認可の申請が逓信省に出され始めた（[44]一三頁）。そんななか、起きたのが一九二三年の関東大震災であった（写真1）。大震災の影響で放送の法令をまとめる作業は中断されてしまったのだが、大震災は逆に、緊急時におけるラジオの必要性を認識させ、放送関係法の制定が急がれるという事態を招いた（[44]一四頁）。

　ラジオ開局の後押しとなった要因は大きく分けて二つある。ひとつは流言である。東京、横浜の両都市を壊滅させた関東大震災当時、新聞社は東京に一六社、横浜に三社あったが、激震で社屋が倒壊

写真１　「震災後の惨状」浅草公園六区付近（1923年９月７日）
（出典：『東京震災録　地図及写真帖』国立国会図書館デジタルアーカイブ）

したり焼失したりする被害を受け、新聞の発行は不能になった。被災地での情報収集と伝達の機能が完全に失われてしまったことで、地震の直後から東京や横浜の被災地では「もっと大きな地震が起こる」というような流言が広がっていた。それはやがて「朝鮮人が徒党を組み爆弾を持って襲撃してくる」とか「井戸に毒薬を投げ込んで回っている」といったものに変わった。これらの流言は被災者の不安を一挙に増幅し、町々に自警団が結成され、自警団の暴走で大勢の朝鮮人が殺された（［6］）。この流言についての研究は多数あるが、本書では社会学者でメディア・コミュニケーションを研究する三上俊治らによる当時の新聞記事の分析（［51］）を挙げるにとどめたい。三上らは関東大震災後の在京、在阪の各紙、主要な地方紙、および在朝鮮の植民地新聞の「朝鮮人」事件に関連した記事を定量的に分析し、歴史学者の松尾尊兊や姜徳相ら関東大震災下の朝鮮人に関する流言をテーマにした代表的な先行研究を検証した。その結果、こうした流言が震災直後に急速に広まった背景として、(1)当時はまだラジオもなく、しかも発災直後には電話電信その他の通信機能が途絶状態に陥ったため、信頼すべき情報の確認手段がなかった、(2)警察署を中心とする官憲がきわめて初期の段階で流言の伝達に深くかかわり、流言を「権威づける」役割を果たした、さらに(3)地方新聞によって大々的に報道されたため全国各地に急速に伝播する事態を招いた、という三点を裏付けた。三上は、当時の新聞について「事実無根の流言とわかった後も、これを積極的に打ち消すなどして読者に正しい認識を与えようとする努力をほとんど示さず」、震災の翌月以降は「自警団による一部の虐殺事件のみを報道することによって、結果的には一部の「悪自警団」に全責任を転嫁させようとする当局の意図に乗せられることに」なったなどと指摘している([51])。新聞が機能しないままに混乱と被害が拡大した。それだけに「放送があれば」の思いが人々の間に広がった([6])。

二つめの要因は無線通信の有用性である。大震災直後、無線通信が外部に被害を知らせる唯一の手段として機能したこともラジオへの期待を高めた。『帝都復興史　附・横浜復興記念史』は、「大震災のため通信機關が全部破壊されたる際に於て、震災の状況をもっとも迅速に通報したるは横濱港外に碇泊中の汽船其の他の無線電信にして、かかる非常に際しては無線電信の必要なるこ《ママ》は官民ともに痛感する所であった」と記録している([52]二六五六頁)。震災当日の夜、横浜港停泊中の『コレア丸』(これや丸、KOREA丸とも表記される)の無線電信機を通じた打電が横浜の状況が外部へ伝えられた第一報とされる([53])。『帝都復興史』は「茲《ここ》に於て當局は震災後大いに無線電信電話の普及發達に努力するに至つた」（[52]二六五六頁）として、震災で無線が有効だったという事実がラジオ放送開始の後押しをしたことを示唆している。一九二六年の『ラヂオ年鑑』も「関東大震災當時に於ける無線の活躍は、一般民衆に普く其の偉力を知らしめたばかりでなく、遂に政府當局をも動かして、同年〔一九二三年〕十二月廿一日放送用私設無線電話規制の制定を見るに至つた」（[54]五三-五四頁）とし、無線通信を求める声に放送法令の制定が後押しされたと述べている。

日本政府は当時、イギリスが放送権をひとつの会社に独占させたためその発達を阻害し、反対にアメリカでは無制限に放送を許可したことで電波の混乱に至ったと認識していた。このため折衷案として全国を七つの区域に分け、それぞれに一放送局を設置することから始めようとした（[52]二六五六-二六五七頁）。こうして一九二四年五月末には東京、大阪、名古屋の三都市にのみ放送局を許可することが決まったが、翌月内閣が変わった。新逓信大臣の犬養毅はそれまでの方針を一八〇度転換させ「放送は、公益性の高いもので、営利を目的とすべきでない」との考えをうちだした。これによって放送事業は公益法人とすることになり、「株式会社」から「社団法人」に変えて聴取料金で運営することになった（[44]一四-一五頁）。こうして一九二四年一一月に社団法人東京放送局が発足、翌年一月に名古屋放送局、二月には大阪放送局が続いた（[43]一七頁）。

一九二五年三月二二日、日本のラジオ第一声が電波に乗った。東京放送局である。芝浦の府立東京高等工芸学校の図書室の一部を放送所に借り、仮放送としての開局だった（[43]一七-一八頁）。総裁となったのは後藤新平である（写真2）。後藤は第二次、第三次桂内閣で逓信大臣、鉄道院総裁、寺内内閣では内務大臣、外務大臣等を歴任し、一九二〇年東京市長となり、関東大震災後は第二次山本内閣で内務大臣兼帝都復興院総裁として東京復興計画を立案した人物であった（[55]）。後藤はラジオを「無線電話」と呼び、ラジオ事業に対する抱負を述べた。それはラジオに四つの機能があるとするものだった。第一は文化の機会均等（都市と地方、年齢性別などの壁を撤廃し文化の機会均等を提供する）、第二は家庭生活の革新（それまで家庭の外に求めていた娯楽がラジオを囲む一家団らんへと変わる）、第三は教育の社会化（耳から日々各種の学術知識を注入することで従来の教育を大きく進歩させる）、第四は経済機能の敏活（海外の経済事情や株式、生糸、米穀などの取引市況が速報されることで、経済取引が活発になる）であった（[43]一二―一三頁）。

写真２　初代東京放送局総裁　後藤新平
（出典：『ラヂオ年鑑』昭和６年　国立国会図書館デジタルアーカイブ）

　電波メディアの同時性、速報性というジャーナリズムとしての特性が言及されなかった理由について、前出の放送史研究者竹山は、背景に新聞各社への配慮があったからだ

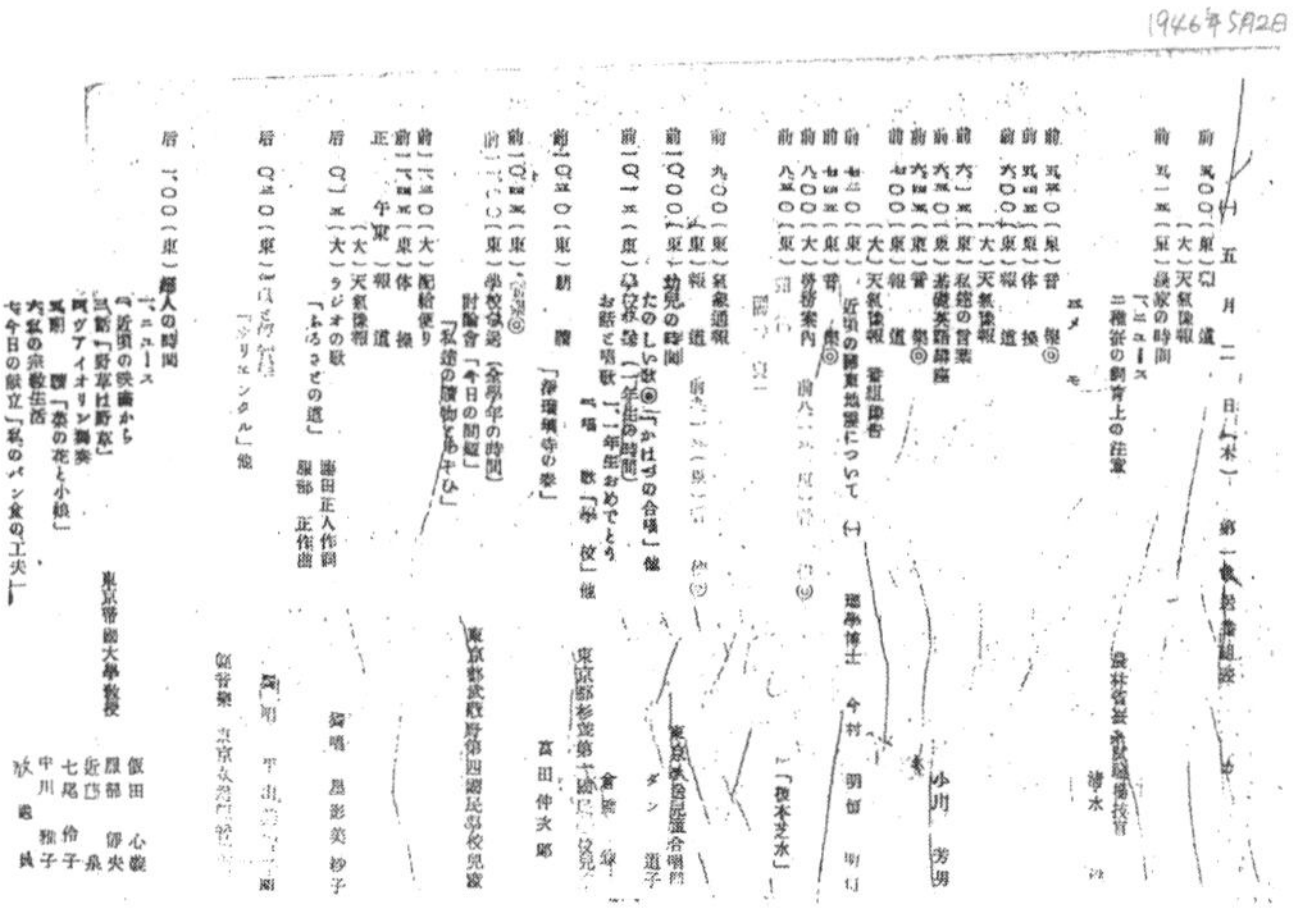

1946年5月2日

五月二日（木）第一放送番組表

前 五・〇〇（東）報 道
　（大）天気概報
前 五・一五（東）農家の時間
　「ニュース」
　二種浴の飼育上の注意　農林省畜産試験場技官 清水 [illegible]
前 五・三〇（東）音 楽◎ レコード
前 五・四五（東）体 操
前 六・〇〇（東）報 道
　（大）天気概報
前 六・一五（東）私達の音楽
前 六・三〇（東）基礎英語講座　小川 芳男
前 六・四五（東）音 楽◎
前 七・〇〇（東）報 道
　（大）天気概報　番組予告
前 七・三〇（東）近頃の関東地震について（一）　理学博士 今村 明恒
前 七・四五（東）音 楽◎
前 八・〇〇（大）労務案内
前 八・三〇（東）[illegible]
前 九・〇〇（東）気象通報
　（東）報 道
前 一〇・〇〇（東）幼児の時間
　たのしい歌◎「かはずの合唱」他　東京放送児童合唱団
　お話と唱歌「一年生おめでとう」　ダン 道子
前 一〇・一五（東）学校放送（一年生の時間）
　唱 歌「学校」他　東京都杉並第十国民学校児童
前 一〇・三〇（東）朗 読「浄瑠璃寺の春」　森田 仲次郎
前 一〇・四五（東）[illegible]◎
前 一一・〇〇（東）学校放送（全学年の時間）
　討論会「今日の問題」
　「私達の贈物とあそび」　東京都武蔵野第四国民学校児童
前 一一・三〇（大）配給便り
前 一一・四五（東）体 操
正 午（東）報 道
　（大）天気概報
后 〇・一五（大）ラジオの歌「ふるさとの道」　藤田正人作詞 服部正作曲　独唱 [illegible] 紗子
后 〇・三〇（東）[illegible]「シリエンクル」他　管弦楽 [illegible]
后 一・〇〇（東）婦人の時間
　一、ニュース
　二、話「近頃の映画から」　飯田 心美
　三、話「野草は野菜」　東京帝国大学教授 [illegible]
　四、ヴァイオリン独奏
　五、朗読「菜の花と小娘」　七尾 伶子
　六、私の宗教生活
　七、今日の献立「私のパン食の工夫」

表1　東京放送局　確定表（1946年5月2日）

午前7時30分から地震学者・今村明恒の講演が放送されている（NHK 放送博物館蔵）。

としている（[50]）。しかしラジオの持つ同時性、速報性はその後の災害で発揮されていくこととなる。

さてラジオは始まったが、放送を享受できたのは東京・大阪・名古屋の三大都市とその周辺の地域に限られていた。そこで逓信省は全国どこの地域でもラジオを聞けるようにするという全国放送網計画を作り、早くも三放送局を解散させることになった。東京放送局の解散総会では反対の怒号が飛び交ったが結局解散が可決され、ひとつの組織として一九二六年八月二〇日、社団法人日本放送協会が発足した（[6]）。

一方でラジオの開局を後押しした関東大震災について、ラジオはその後も長期にわたり、伝えていたことも記録からわかっている。表1はNHK放送博物館に保存されている東京放送局の（番組）確定表（放送が行われた通りに記録された一日ごとの放送資料）である。一九四六年五月二日午前七時三〇分から「近頃の関東地震について(1)」と題した一五分間の講演を行っている理学博士・今村明恒は、関東大震災の前、大地震の危険性を警告していた地震学者である。

関東大震災から二三年後でも、ラジオでは専門家が市民向けに解説する形式の災害放送が行われていたことがわかる。なお翌五月三日にも、同じ今村による「近頃の関東地震について(2)」が七時三〇分から一五分間放送されていたほか、調べうる限りでも今村による地震講座はこれに先立つ一九三一年八月三〇日、一九三三年七月一〇日など複数回放送されていた。このことは、ラジオが開局間もない時期から市民との減災コミュニケーションに努めようとしていたことを物語っている。ただ、このあとラジオは数々の災害を経験し、そのつど、災害放送を軌道修正しながら現在に至っている。ここからは、日本でラジオが直面した災害とそれぞれの教訓を振り返る。

ラジオの普及活動（一九三〇年〜）

ラジオの普及を目的に大衆向けのラジオ聴取施設が各地の公園や広場などに設置された。「ラジオ塔」と呼ばれる、いわば「街頭ラジオ」のようなものである。全国初のラジオ塔は一九三〇年、大阪の天王寺公園に設置された（写真3、現存せず）。

先行研究（[56]）によれば、ラジオ塔第一号はラジオとラジオについての知識の普及を目的として社団法人日本放送協会関西支部[1]（現在の大阪放送局・BK）が大阪市に寄付したものであった。当時、

写真3　天王寺公園のラジオ塔「常設公衆受信塔」

(出典：『ラヂオ年鑑』昭和6年　国立国会図書館デジタルアーカイブ)

ラジオの受信機は高級品であり、ラジオの聴取にも聴取料が必要であった。さらにラジオの受信には一定の技術と知識を必要とした。こうしたことから多くの人々にラジオを手軽に無料で聴いてもらい、ラジオの魅力を知ってもらうことでラジオの普及を図ろうとしたという。スイッチを押すだけで人々はラジオを聴くことができた。ラジオ塔は設置されるやいなやたちまち人気を博し、とりわけ甲子園（全国中等学校野球大会）の実況中継は人々の関心を集めた。中継が開始されるや、炎天下に数百人がラジオ塔のもとに集まり、熱狂したという（[56]）。全国のラジオ聴取加入者は一九三二年に一〇〇万人を突破した（[6]）。これを記念して日本放送協会が全国にラジオ塔を建設していった（[56]）。大阪城公園には一九三八年に設置されたラジオ塔が現存する（写真4）。コンクリート製で灯籠に似た屋根があり、スピーカーが内蔵されている。その後、ラジオ塔は一九三〇年代後半には自治体や個人も建設を計画し日本放送協会がラジオ受信機を貸与、寄付するかたちで広まっていった。また一九三九

写真４　大阪城公園に現存するラジオ塔（筆者撮影）

年ごろからは区画整理事業の竣工記念碑として建設されたラジオ塔も現れた。一九四〇年になると、皇紀二六〇〇年記念事業の一環として建設されたものもあった。やがて各家庭に小型のポータブルラジオが普及すると、受信機やスピーカーが金属回収の対象となったこともあいまって、ラジオ塔はその歴史的役割を終えていった（[57]）。

（1）[56]では大阪放送局（ＢＫ）となっているが、ＮＨＫ大阪放送局のあゆみ（https://www.nhk.or.jp/osaka/station_info/ayumi/）によれば一九三〇年当時は社団法人日本放送協会の関西支部であった。現在のＮＨＫ大阪放送局は一九二六年八月に社団法人日本放送協会が設立された際、関西支部となり、その後一九三四年五月中央放送局制の施行にともない、大阪中央放送局となる。終戦後の一九五〇年六月特殊法人日本放送協会が設立され、ＮＨＫ大阪放送局となった。

津波警報整備のきっかけ——昭和三陸地震津波（一九三三年）

ラジオ開局の八年後、昭和三陸地震津波（一九三三年）が東北の三陸沿岸を襲った。明治三陸地震（一八九六年）により約二万二〇〇〇人が犠牲となった場所であったが教訓が生かしきれず、一五二二人が犠牲となった（［6］）。建築・地震工学者で地域防災も専門とする福和伸夫は、ラジオを通して津波被害が報じられたのは地震発生の四時間後だったとしている（［58］）。それでも新聞よりははるかに速いメディアであったが、津波の前に避難を呼びかけることはできなかった。組織的な津波警報や避難の情報を出す体制がまだ実現していなかったためである。

このあと津波の研究が盛んに行われるようになり、一九四一年には当時普及し始めていたラジオを使っての津波予報が、三陸地方を対象として世界で初めて実現した（［59］四五九、四六七頁）。

発電設備の必要性——室戸台風（一九三四年）

昭和三陸地震津波の翌年、室戸台風が上陸する（一九三四年）。この台風は九州から東北にかけての広い範囲に被害をもたらし、死者・行方不明者は三〇三六人に及んだ。なかでも台風が直撃した近畿地方、特に大阪府では、台風の接近と児童・生徒の登校時間が重なり、暴風により小学校の校舎が倒壊するなどして、被害が拡大した。一八八八人が犠牲となったが、このうち六九四人が児童・生徒と教職員であった（［6］）。犠牲となった学校関係者（児童・生徒・教職員）の慰霊のため大阪城公園内には「教育塔」が建立されている（写真5）。

台風が近畿地方に近づくおそれがあることは前日からラジオで伝えられていたが、気象台から出る警報はただひとつ「暴風警報」があるだけだった。また当日午前五時に台風が室戸岬付近に上陸したとき室戸岬測候所では最大瞬間風速六〇メートル以上を観測したが、通信線が途絶していたためこの記録を大阪測候所に伝えることができなかった。さらに当時は台風の位置推定に一時間以上を要したため、午前七時のラジオは「台風は四国の南海上に接近中」と数時間も前の情報しか伝えられなかった。このため人々はいつものように通勤・通学したが台風の接近で状況は一変し、登校したばかりの児童は古い木造校舎の下敷きとなって死亡した（[6]）。

写真５　室戸台風の学校関係犠牲者を慰霊する教育塔（大阪城公園内・筆者撮影）

もうひとつの大きな教訓が、放送側と聴取者双方の停電対策である。大阪測候所は午前七時一〇分に中央気象台の航空気象無線を受信して台風の急な接近を知り大阪中央放送局(2)

（2）室戸台風の四か月前にあたる一九三四年五月、中央放送局制の施行にともない、現在のＮＨＫ大阪放送局は「大阪中央放送局」となっていた（注1を参照）。

（以下、ＢＫ）に連絡、電話が混んでいたため七時二五分にやっとつながりＢＫは早速この情報を伝えた。しかし致命的なことに七時四二分、電力会社からの送電が停止してしまった。当時は放送局に非常用発電設備がなく、ＢＫの千里放送所では台風接近に備えて充電しておいた蓄電池を利用して放送を続けた。災害ニュース、気象、時報など必要最小限度の情報を形容詞などを省いてできるだけ簡略化し一時間ごとに放送、蓄電池を節約しながら三〇時間四三分にわたる放送を続けた。大阪以外の放送局には蓄電池はなかった。ところが聴取者の多くはこれらの情報を聞くことができなかった。当時のラジオ受信機の大部分は電灯線から電源を取るエリミネーター式受信機だったからである。台風襲来のさなかにラジオが情報伝達の機能を果たせなかったことは世間の厳しい批判を受けることになり、一九三七年度末までに全放送局への非常用発電装置の設置が完了した（［6］）。

戦時下の放送——扇動に利用されたラジオ

約一〇〇年に及ぶ日本のラジオ放送史のなかで深い反省とともに刻まれるのは、戦争におけるラジオ放送である。盧溝橋事件（一九三七年）を発端とする日中戦争から太平洋戦争終了（一九四五年）まで、日本は長く続く戦争の時代に入る。ラジオは優れた同時性、速報性を持つがゆえに、戦時下においては人々を扇動する道具としても用いられることとなった。

非常時のラジオの役割の重要性を知らしめたのは「二・二六事件」（一九三六年）である。青年将校が陸軍部隊を率い、首相官邸、陸軍省など議事堂周辺を占拠した。戒厳令も布告されたが、三日後、抵抗すれば勅命に反する逆賊になってしまうとラジオを通じて呼びかけた「兵に告ぐ」の放送などで続々投降、反乱軍は鎮圧された（[60]三二一-三二三頁）。

その後一九四〇年、国策に沿って思想・文化全般の統制を行う情報局が政府に発足し、戦時の放送を強大な権限で指導していった。戦局を知りたいと人々はラジオの大本営発表に神経を集中した。やがて空襲が激しくなると、警報を伝えるラジオが命綱となる。一九四一年、日本軍が真珠湾を攻撃したことにより、太平洋戦争が始まると、戦時下のラジオは「挙《こぞ》って国防　揃ってラヂオ」の標語や、戦意高揚に加担する「放送報国」の掛け声のもと、政府の施策を国民に徹底し、日本の主張を海外に宣伝することに全力を尽くした。また戦争末期においては敗戦の色が濃くなっていたにもかかわらず、事実と異なる大本営発表を伝え続けた。ラジオの聴取者の数は戦時色が日増しに濃くなるなかで増え続けていた。日本軍が優勢であったのは最初のわずか半年ほどであった。やがて太平洋の各地で日本軍の玉砕が続き、本土は空襲にさらされ、沖縄では多くの県民が地上戦に巻き込まれることになる。広島と長崎にB29が原爆を投下し、ついに一九四五年八月一五日、戦争は終結する。長い戦いの終わりを告げたのは、ラジオから流れる「玉音放送」であった（[6]）。

戦争の影響――鳥取地震（一九四三年）・東南海地震（一九四四年）・三河地震（一九四五年）

太平洋戦争中は、気象通報や天気予報の放送が禁止された（[61]五七九頁）。太平洋戦争半ばごろから終戦直後にかけて、日本列島は毎年のように大災害に見舞われる。鳥取地震（一九四三年）、東南海地震（一九四四年）、三河地震（一九四五年）の三つの大地震である。しかし軍による報道統制が徹底し、当局の発表は地震があったという事実にとどまり、ラジオ放送においても詳しい被害状況の報道は許されなかったとされる。したがって、放送による防災活動はもちろん、被災者救済運動さえできなかった（[61]五七九頁）。

ただそのなかにあっても、鳥取地震では関東大震災の教訓を生かそうとする努力が行われた。『日本歴史災害事典』（[59]）によれば、九月一〇日の地震発生後、被害を受けたラジオが復旧した九月一四日の午後〇時一〇分から、鳥取放送局で知事が人心安定・復興意欲の高揚を目的とした放送を行った。また県庁内や集団避難所・その他要所に非常時受信機を設置し、ラジオ自動車（ラジオを登載した自動車）を運行し、連日にわたり復旧の進捗状況・物資の配給・復興精神の作興・周知事項などの放送を行った。震災の翌年一九四四年に発行された『鳥取県震災小誌』においても「震災といえばすぐにもわれわれの脳裏に浮かんでくるのは関東大震災の民心の動揺とそこから醸し出された幾多の不幸な出来事への連想である」と記載されており、関東大震災で起きた流言飛語を防ごうとしたことをうかがうことができる（[59]四九八頁）。これらの記述からは、デマを防ぎ被災地の「内」に向けた生活情報を放送しようとする努力を知ることができる。

占領と放送

一九四五年九月、降伏文書の調印式が行われ、日本はＧＨＱ－ＳＣＡＰ（連合国軍最高司令官総司令部、以下、ＧＨＱ）のもと、非軍事化と民主化の道を歩み始める。それとともに、ラジオも言論の自由、民主主義を目標に変わることを求められた。ＧＨＱによる占領政策の一環としてラジオもＧＨＱの民間情報教育局（ＣＩＥ）ラジオ課の細部にわたる指導と監督の下におかれ、国民の声を積極的に取り入れた新しい番組企画が次々登場した。そこにはラジオを通じ民主化教育を行おうとするアメリカの意図があった。

放送における戦後改革を象徴する言葉が「マイクの開放」である。それまで放送する側だけが主導権を握っていたマイクに向かって、聴取者が自分の意見を述べる番組が始まった。事前検閲をともなう制限付きの言論・報道の自由であったが、こうしたなかから新しい時代の新しい番組が生まれた。たとえば「街頭録音」は銀座・資生堂前の歩道に台を置いてステージがわりにし、テーマを決めて人々の意見を聞く番組であった。深刻な食糧難にあった一九四六年六月三日の初回放送では「貴方はどうして食べていますか」がテーマであった。このころの人々にとって、人前で改まって意見を述べるのは容易なことではなかったが、放送を重ねるにつれて毎週金曜日の収録に大勢の人が集まるようになった。「街頭録音」は直接民衆にマイクを開放するかたちで、戦後民主主義の定着に寄与したとされる。

また、一九四六年七月に始まった新番組「尋ね人」も、のちの安否放送へとつながる重要な放送である。終戦時、海外には六六〇万人を超す日本人の軍人・軍属・民間人がいたが、こうした特定の個人の消息を尋ねる番組であった。聴取者からの手紙を読み上げて消息を知る人に情報の提供を呼びかけるもので、肉親や知人の消息を知りたい、あるいは留守家族に消息を伝えたいという切実な思いを込めた手紙が続々と寄せられた。放送開始から三年間に取り上げた手紙などの放送依頼は一万九五一五件で、このうち、ほぼ三分の一にあたる六七九七件について消息が判明した。

一方で大衆に受け入れられなかった番組もある。一九四五年一二月九日から始まった「真相はかうだ（こうだ）」である。企画、脚本、演出すべてをCIEが手がけ「南京大虐殺」「バターン半島死の行進」など日本軍による残虐行為を再現して聞かせるものであった。反響は大きく、投書が殺到したが、その内容のほとんどは番組を非難攻撃するものであった。日本軍の悪逆非道を誇張し事実を歪曲した部分も少なくなかったため、聴取者の反感を買ったという。結局、表現手法が刺激的すぎたため、後発番組も一九四六年一一月に終了した。

その一方で日本の民主化、非軍事化が進むなか、労働運動が激しくなる。一九四六年一〇月には放送ストライキが二一日間続き、この間、放送の国家管理が実施された。翌一九四七年二月には大規模なゼネストがGHQの命令で中止に追い込まれ、ラジオを通じて労働運動の指導者が涙ながらにストの断念を伝えた。

一九四七年の新憲法施行後は野球中継や水泳などスポーツ放送が次第に盛んになり、放送局が自前で取材し報道するための「放送記者」も誕生した（以上［6］）。

戦後の災害——枕崎台風（一九四五年）・南海地震（一九四六年）・福井地震（一九四八年）

太平洋戦争終結直後、枕崎台風が上陸した（一九四五年九月）。室戸台風・伊勢湾台風と並び、昭和の三大台風に数えられる台風である。被害の中心は広島であった。台風が接近していた広島地方気象台は原爆から一か月余り、まだ広島県地方の天気予報を出す体制に戻っておらず、このときも台風接近の情報を県庁や市役所、放送局などに伝えただけであった。当時の台風情報は精度も低く、台風の進路に当たる地方は次々に停電し、ラジオを聞くこともできなかった。情報空白地帯となった広島市を超大型台風が直撃した。予防のための強い呼びかけもできず、停電により人々は情報を聞くこともできなかった。気象観測と情報伝達体制両方の復興・整備が強く望まれた災害であった。

戦後の南海地震（一九四六年）でも、放送は防災の機能を果たすことはできなかった。住民を避難させる津波警報自体が出されなかったためである。ラジオも伝えるべき情報を持たず、地震に続く津波の不意打ちが、被害をより大きくした（［6］）。

そしてようやく戦災から復興しつつあった福井市を福井地震（一九四八年）が襲った。福井地震はＧＨＱによって被害が詳しく調査された（［59］五三六頁）。またこの八か月前の一九四七年一〇月に施行された災害救助法が適用された最初の大規模災害でもあった（［59］五四〇‐五四一頁）。

地震でＮＨＫ福井放送局の放送は停止し、福井市内では「福井がこんなにやられたのだから、東京や大阪、名古屋はもっとひどいのではないか」という流言が広がった。しかし福井放送局は手持ちの受信機でＮＨＫ大阪や名古屋の放送を傍受し、地震の被害が福井県に限られていることを知る。そして早速このことを手書きのビラにして駅や県庁に貼って回った。また借り上げたトラックにスピーカーを据え付け、アナウンサーが乗り込んで各地からの救援の動きや県・市からの配給だより、お知らせを伝えて回ることもした。また福井には大阪から二人の放送記者が取材の応援で派遣されたが、このとき日本で初めて「記者リポート」が放送された。電話中継所に設けられた臨時スタジオから、取材した被災地の様子をまとめた原稿を口頭で伝えるものであった（［6］）。

民放の誕生

一九五〇年に始まった朝鮮戦争による特需で日本経済は復興の軌道に乗る。しかし米ソ冷戦により占領政策が転換し「レッド・パージ」で新聞・放送や民間産業・官庁の共産党員などが一斉に罷免・解雇された。民主化・非軍事化を目的に進められていた政策は、警察予備隊（のちの自衛隊）設置や公職を追放された人々を復帰させるなど逆行する動きをみせ、いわゆる「逆コース」が始まった。日本政府や民間企業が、共産党員またはその同調者とみなされた者を一方的に解雇した。一九五〇年七月から年末にかけて解雇された人数は、官庁で一一七七人、民間企業では一万一八九三人に及んだ。NHKでは占領軍の政策に沿って自主的に解雇を行うとし、全国で一一九人の職員を解雇した。

こうしたなか一九五〇年六月、電波三法が施行され、日本の放送は生まれ変わる。社団法人日本放送協会は放送法による特殊法人NHKになり、新しい受信料制度のもとで公共放送として再出発した。コマーシャルを入れた民間放送も認められ民放が誕生、NHKと民放の併存体制が始まった。一九五一年を皮切りに誕生した民放ラジオでは、自由な放送を掲げて地方ごとの特色を出すローカル放送が行われるようになった。県域（都道府県）単位を基本とし放送免許が交付されることとなり、民放は従来の放送のあり方を厳しく批判し新しい自由な放送をうたって登場した。そして、型破りの企画や新聞社と一体となった報道活動でＮＨＫに対抗した。

占領軍の支配は一九五一年、対日平和条約調印により終わりを告げた（以上［6］）。

ローカルに徹したラジオ――西日本豪雨（一九五三年）

民放の放送開始二年後の一九五三年、西日本一帯を梅雨前線による豪雨が襲った。「昭和二八年西日本大水害」とも呼ばれる。福岡県で筑後川や遠賀川が決壊するなど、山口・福岡・佐賀・長崎・熊本・大分の六県を中心に六八九人が死亡した（［59］五五六-五五七頁）。

この災害で、一九五一年一二月に開局していた福岡の民間放送・ラジオ九州（のちのＲＫＢ毎日放送）は、ＮＨＫにはできないローカルに徹した放送を実施し、高い評価を受けた。ラジオ九州は福岡県の対策本部に「いつでも電波を提供する」と申し入れて、雨量や筑後川の水位、満干潮の時間や濁流のもようなどを刻々と伝え、さらには堤防の決壊や物資の買い占めなどのデマを打ち消す情報を終夜放送[3]で流し続けた。当時のＮＨＫはまだ全国放送を中断して機動的にローカル編成を組む態勢ができていなかった。

一九五三年に発行された冊子『九州水害と民間放送』（［63］）には、新聞が数日配達不能となり、ラジオが特性を発揮し喜ばれたことが記録されている。暴風がなく電線が切れなかったことが幸いしたのだが「NHKよりRKBのほうがより自由に思う存分公共の福祉のため聴取者のため働くことができた」と記録されている。RKBによって書かれた記録誌であることは多少考慮に入れるべきであろうが、『サンデー毎日』（七月一九日号）の記事として「NHKは「何はおいても公共放送たるNHK」という態度を貫いたのに対し、RKBは娯楽放送をぶち切って一日七〇本のニュース。気象台、鉄道、災害対策本部発表を刻々と告知。小倉の貯水池決壊のデマを粉砕。救援隊出動のニュースを出して孤立地を激励。NHK以上の公共放送であった」（［63］二頁）を引用し、「これは取りも直さず民間放送の公共性を証明している一つの証左である」（［63］二頁）と振り返っている。また、一般の人の手記として「これがNHKあたりでありますと、放送支局がたとえ地元にありましても放送時間を変更するわけには参らず、随時に変えられませんので、わずかにニュースの時に限り、又警報と云つても一寸云う位でありまして、本当によく解らないのであります」（［63］四頁）、「しかし、わがラジオ九州は、〔中略〕何ら他に拘束もなく、本当に地元の放送局として随時に警報なり水害の状況などを御知らせ下さいまして、本当に民間放送の真価をはっきりと認識いたしました。今迄は民間放送なんていらないだろうと思つた事もありました。けれども、今度という今度はただ頭のさがる思いです」（［63］五頁）との言葉も紹介している。

　民放の参入を迎えたことにより、ラジオはより柔軟な放送が可能になったといえる。被災者向けに特化した情報は現在もラジオの災害放送において重要である。その原型を西日本大水害のラジオ九州にみることができる。

被害防止に役立つ台風情報へ――洞爺丸台風（一九五四年）

一九五三年、日本でテレビが開局する。まずＮＨＫ、半年後に日本テレビがそれぞれ放送を開始した。テレビ開局後、最初の災害が一九五四年の「洞爺丸台風」である。台風一五号により国の青函連絡船「洞爺丸」が函館港外で沈没し、乗客・船員のうち八割にあたる一一五五人が死亡する日本海難史上最悪の事故が起きた。九月二六日のＮＨＫラジオは、午後七時のニュースで洞爺丸が四時間遅れて出港したことを伝えたが、青函鉄道管理局もその後の状況を把握できないまま時間が経過した。そこに洞爺丸座礁の第一報が飛び込んできた。暴風雨が吹き荒れ、停電と電話の途絶で取材もままならず、洞爺丸の遭難が確認されたのは翌二七日の午前〇時過ぎであった。ＮＨＫは北海道向けに終夜放

（３）「終夜放送」とは二四時間放送のことである。当時のラジオは午前三時に放送を終了し、二時間後の午前五時に再開するといった「放送休止時間帯」があるのが一般的であったが、社会生活の多様化で深夜に働く人が増えたことなどを背景に、次第に二四時間放送に切り替わっていった。第２章で後述するように、若者向けのオールナイト放送が全国に広まり、ラジオの二四時間放送が本格化するのは一九六六年以降である。ただ当時のラジオ九州では一九五一年八月一六日からラジオの二四時間放送を開始しており、「日曜深夜を除いて、ウイークデーは深夜でも、突発大事件や、緊急を要する情報の放送などにも対処できるように」［62］なっていた。西日本豪雨ではこの機動力が生かされたといえる。

送で台風と海難のニュースを伝えたが、洞爺丸事故の全容が判明するのは二七日の朝になってからであった。民放である北海道放送やラジオ青森（のちの青森放送）は、協力関係にあった地元新聞からの情報をもとに、終夜放送でこの事故を伝えた（[6]）。

洞爺丸事故では、台風情報が適切だったかどうか、的確に伝えられたかどうかが国会や海難審判の論議で焦点になった。この事故の二年前、一九五二年に気象業務法が制定された。気象庁は気象や津波などに関する予報や警報を出したときには、放送や報道機関を通して一般に知らせなければならず、NHKは警報の通知を受けたら直ちに放送に努めなければならないと規定されていた。海難審判は「洞爺丸船長の過失が直接の原因」と裁決し、台風情報の発表や伝達に過失はないという結論を出した。放送が責任を問われることはなかったが、洞爺丸事故は放送が果たす役割の大きさを認識させた。同時に、発表された情報を速報するだけでなく、被害防止に役立つ「防災報道」が重要であることを関係者に痛感させた（[6]）。なお洞爺丸台風の被害を受け、中央気象台は業務の抜本的な見直しを迫られた。そして一九五六年に運輸省の外局となり気象庁が誕生した（[59]五六四頁）。

トランジスタラジオの発売（一九五五年）

ラジオ受信機は当初、ひとりで聞くレシーバー付きの鉱石ラジオが多かった。一九二八年ごろから電灯線から電源をとる「エリミネーター式」と呼ばれる真空管ラジオが普及し始め、家族でラジオを楽しむことができるようになったが、停電になると役に立たないものであった。電池でも聞けるトランジスタラジオは、一九五五年に発売された。そして一九六〇年代にかけて普及し、茶の間だけでなく個室や車中、屋外で、しかも「ひとりで何かしながら」ラジオを聴くこと（個人聴取・ながら聴取）を可能にしていった（[64]）。

初めての防災放送――伊勢湾台風（一九五九年）

一九五九年九月二六日の夕刻、紀伊半島潮岬付近に上陸した台風一五号は観測史上最悪の台風災害をもたらし、のちに「伊勢湾台風」と名付けられた。災害対策基本法が制定されるきっかけともなる、日本の災害史に残る台風災害である。

この台風の進路予想と危険予測はきわめて正確であり、ＮＨＫは気象庁にテレビカメラを持ち込み、予報官が直接テレビに出て情報を伝える本格的な気象庁中継を初めて行った。名古屋でも、ＮＨＫと中部日本放送（以下、ＣＢＣ）が気象台にマイクを入れて毎時間、台風の現在位置と勢力、進路予想、注意事項などを伝えた（[6]）。電柱や街路樹が倒れ、看板が飛散、そのうえ石やかわらが飛んでくるため、取材はきわめて危険だった。とうてい被害の全容をつかめる状態ではなかった。暴風雨の荒れ狂うなかで、テレビは午前零時前に一応放送を打ち切ったが、ラジオは深夜に入っても放送を続け、台風情報や台風対策などを伝えた。ただし被害が甚大であったことを各報道機関が知ったのは、台風一過の翌日、空からの取材によってであり、死者・行方不明者の数が判明したのは四日以上もあとのことだった（[61]五八一頁）。

またこの伊勢湾台風は、第1章第3節でも述べた廣井脩が示している災害放送の四パターン（[18]）のうち「防災放送」が初めて行われた、災害放送の転換点ともいえる災害である。伊勢湾台風以前に災害の予防的な報道は皆無ではなかったが、報道の重点は、被害が判明してから被災地に取材班を送り込み、現地の様子を伝える「被害報道」に置かれてきた。伊勢湾台風ではそれが大きく変わり、被害報道の前に、台風への備えを呼びかける「防災放送」が行われた。NHK名古屋放送局やCBCは、停電や断水への備え、食料や医薬品の準備、老人・子どもの避難場所の確認、家屋の補強などをきめ細かく呼びかけた（[6]）。

しかしタイムリーな台風情報の発表や防災の呼びかけが行われたにもかかわらず、空前の大被害を出す結果となった。その理由は三つある。ひとつは、東海地方が広範囲に停電し、肝心のときに台風情報が住民に伝わらなかったことである。当時の名古屋市内で停電時でも聞ける電池式ポータブルラジオの普及率は二一％にとどまっていた。第二に、高度成長期に入り伊勢湾沿岸や名古屋市南部では、臨海工業地帯の開発や農地の干拓造成が進み、ゼロメートル地帯に多数の人々が住んでいたが、住民には台風や高潮に対する危機感が乏しく、気象台の警告が徹底しなかった（[6]）。防災計画と土地利用計画がともなっていないゼロメートル地帯の無計画な「市街化」は被害を大きくした（[61]）。第三に、大半の行政の対応が鈍く、万全の災害対策が講じられなかった。名古屋市の場合、立ち退き指示の時期や方法、避難誘導責任者や避難経路など具体的な計画がなく、実際に避難の指示もなかった（[6]）。

廣井脩は、記録誌（[65]）を引用するかたちで「放送が必ずしも被害の防止に直結しなかったという反省から、その後、放送局では、気象台からの台風情報や大雨洪水警報をただ単に伝えるだけでなく、それぞれの地域がおかれている状況や、住民がどう行動したらいいかという行動指示まで放送すべきではないか、という機運が高まったという」と述べ、「このように、わが国の災害放送のあり方を方向づける契機となったのは伊勢湾台風であった」としている（[19]一二頁）。

ところで、伊勢湾台風では災害時のラジオ、特にポータブルラジオの効用が注目される。この年一九五九年を境にテレビは急速に伸びてはいたが、ＮＨＫの受信契約数でみるとラジオは前年の一九五八年に一四八一万余りとピークに達し、テレビは一〇分の一の一四六万余りであった。したがって台風関係のニュース、情報をラジオから得た人が圧倒的に多かった。台風の一か月後、ＣＢＣが調査したところ、台風当日、台風情報を知った媒体はラジオが七四・九％、テレビが一四・六％で、名古屋の被災地域におけるポータブルラジオの所有世帯は二三・七％であった。これらポータブルラジオを持つ世帯では台風当日、停電後も二一・五％が午前零時以降朝までラジオで台風情報を聞いており、さらにその九〇％以上が「周囲の人たちといっしょに聴いた」「近隣の人に大声でその要点を伝えた」という。放送の送り手も「『ポータブルを持っている方は放送内容をメモしてラジオを聞かれなかった人にも知らせてあげて下さい』と呼びかけた」（[66]四四〇頁）という（[61]五八三－五八四頁）。

伊勢湾台風やこれに先立つ室戸台風の教訓は、一九六一年九月に阪神地方を直撃した第二室戸台風で生かされた。犠牲者は二〇〇人を超えたものの、同規模の室戸台風や伊勢湾台風に比べるとはるかに少なかった。ラジオ・テレビの台風情報に基づいて大阪では休校などの措置がとられ、大阪府知事が放送を通じて住民に備えと避難を直接呼びかけた。住民の避難、貯木場の木材のつなぎとめ、船舶の避難が事前に行われた。ＮＨＫ・民放とも台風関係の地域の放送に全力をあげ、ラジオ・テレビは、災害から住民の生命を守る防災情報伝達に欠かせない媒体としての地位を確立した（［61］五八四－五八六頁）。

災害対策基本法と指定公共機関（一九六一年）

伊勢湾台風が契機となり一九六一年、災害対策基本法が制定された。法律では、国と地方公共団体に防災会議の設置や防災計画の策定を義務付け、関係機関は計画に従って災害予防や応急対策、災害復旧などの防災活動を実施することを規定している。このときＮＨＫも「指定公共機関」として総理大臣の指定を受けた。その結果、次のような責務を負うこととなった。

1　防災業務計画を作成、実施し、国・都道府県・市町村の防災計画の作成、実施に協力する。
2　災害の予測や予報、情報の迅速な伝達のために必要な組織を整備し改善に努める。
3　防災訓練を行う。
4　災害に関する情報の収集・伝達に努める。
5　知事・市町村長は災害に関する緊急の通知や要請、伝達（たとえば避難命令など）を行うために必要な時にはＮＨＫに放送を求めることができる。

また民放各局も都道府県単位の指定地方公共機関となった。大きな災害が相次ぐなか、災害時の放送の機能や役割が広く理解され、法律や制度のうえでも責務が明確にされることによって、ラジオやテレビにおける災害報道の比重はいよいよ大きくなっていった（以上［６］）。

テレビとラジオの役割分担――新潟地震（一九六四年）

一九六四年に起きた新潟地震は、テレビは被災地の外に向けて被害映像を、ラジオは安否不明の人を探す地元の人たちに向けた情報を、というテレビとラジオの役割分担が明確になった地震である（［19］）。テレビは一九五九年四月の皇太子の「ご成婚パレード」をきっかけに爆発的に普及し、一九六〇年にはカラーテレビが放送を開始していた。『新潟地震と放送』（［67］）には当時の放送内容が詳しく書かれている。地震が起きた日は、新潟県で第一九回国体を成功のうちに終えた直後で、全県あげてはなやかなムードにつつまれていた。このため新潟県民の精神的な衝撃もまた、はかり知れないものがあったとしている。普及し始めていたテレビは、水びたしになった街並みや信濃川に崩落した昭和大橋、傾いた高層建築などを全国民の前に映し出すと同時に、石油タンクの何度目かの爆発で空いっぱいに拡がった黒煙と、不気味な火焔をはっきりととらえたという（写真６、写真７、写真８）。

しかし新潟全市は地震で停電した。このため新潟市民はテレビの映像を見ることはできなかった。

写真６　落下した昭和大橋

（出典：気象庁ホームページ）

写真７　倒れたアパートから荷物を出す人々

（出典：気象庁ホームページ）

写真８　石油タンクの火災

（出典：防災科学技術研究所　1964年新潟地震オープンデータ特設サイト）

ＮＨＫ新潟ではテレビ・ラジオともに電波が中断したが、電力再開まで自家発電機で六〇時間連続運転した。停電で市民がテレビを見ることができないため、ローカル放送ではラジオに全力をつくすこととなった。ラジオは県の災害対策本部や街頭を多元中継で結び、被害の実情と救援の進み具合、被災地の人たちを安全な避難場所に導くための放送をした。そして「たかまる不安に対して市民をはげますメッセージ、静かな音楽を流して市民の気持ちのたかぶりをしずめるようにつとめた」としている（[67]六−七頁）。

ラジオの放送で特に反響が大きかったのが、尋ね人の放送、つまり現在の「安否放送」である。新潟唯一の民間放送であったＢＳＮラジオ（現在の新潟放送）は停電し、本社スタジオからの放送が不可能となったため、送信所を特設スタジオにして放送を続けた（［6］）。

当時のＢＳＮアナウンサー・對間英洋（故人）は新潟県警本部からの中継を担当していた（［68］）。「福島県会津若松から新潟に修学旅行に来ていた小学校の教頭先生が、県警本部の自分たちのところにみえて、「自分たちが全員、無事でいるということを放送してくれ」と言ってきたのがきっかけです」（［68］二一頁）と「安否放送」の始まりについて答えている。また「一九六四年当時の放送法では、個人情報を流すことは禁止されていたんですよね[4]〔中略〕。でも報道部長が私に「お縄ちょうだいを覚悟してやろう」ときっぱり言い、私も覚悟が決まりました。この尋ね人放送がきっかけになって、情報がどんどん集まるようになりました」と話している（［68］二一頁）。この放送を聴いた「行方不明の肉親を捜す」被災者が、県庁の対策本部前に続々と列を作り、ＢＳＮラジオは災害情報とあわせ「安否情報」を放送し続けた。地震発生からの特別放送は翌々日の未明まで三七時間、尋ね人（安否情報）の数は五〇〇〇人にも及んだという（［6］）。

（4）　對間氏が故人であるため発言の真意を確かめることはできないが、当時は個人情報保護法制定前であり、放送法にも明確に個人情報を流すことを禁ずる条項はない。氏は公共の電波で個人の消息を伝えることは情報をあまねく公衆に伝えるのではなく特定の個人（親族など）に安否や避難先を伝えることを意図する放送になり、放送法の趣旨に反すると解釈していたと考えられる。

一方ＮＨＫ新潟放送局では、小・中学校の生徒や外出していた人約三○○○件の消息を「○○町の△△さんは無事で○○避難所にいます」などとラジオで伝え続けた（[6]）。

ＮＨＫ新潟放送局編『新潟地震』（[69]）に記録された取材デスクのメモによると、発生後二時間ほどたったころ「修学旅行の女子高校生の一行が無事避難しているので伝えてほしい」という要望がまず入ってきた。これについては当初ためらいもあったが「非常の際、まず一番知りたいのは肉親、知人の消息である。この尋ね人放送は異常な程反響があった」（[69]五二－五三頁）としている。このあと、新潟放送会館玄関に放送受付を特設、人々が殺到し、三千数百件の受付が行われた（[67]八頁）。ＮＨＫ放送博物館に残る当時の手書きメモを筆者が調べたところ、ＮＨＫの原稿用紙だけでなく新潟県庁や町役場、新潟県消防協会、県立高校の便箋、市販のメモ用紙、わら半紙などに書かれており、なかには包装紙や国体ポスターを破いて裏に走り書きしたものもあった。役場やＮＨＫの職員が聞き取って書いただけでなく、人々がありあわせの紙を持ち寄ったと思われる。内容は「県立新潟女子短大の学生で、帰宅しない学生は全員大学に宿泊していますので、ご安心下さい」「○○（人名）は××の安田さん宅にヒナンしています。安心して下さい」「新潟市××町の○○さんとご家族の方△△さんが安否を気づかっておられます。至急ＮＨＫあて居所をご連絡下さい」といったものであった。

また記録には、ラジオから安心感を得ようとする市民の姿が残されている。「浸水してしまった自動車からカーラジオを真先にはずして聞いている市民も、あちこちで見られた」（[67]一九頁）ことや、小学校教師の手記として「（揺れの瞬間、動揺して）ももをつねったときトランジスタラジオにふれた。「そうだ、ラジオだ。〝みんな手をつないで足を踏ん張れ、ラジオがなにか教えてくれる〟」（［67］一八頁）と呼びかけ安心させたエピソードが記されている。新潟地震の発生した一九六四年、テレビはNHKの受信契約数で一六〇〇万に迫り、逆にラジオは一九六三年度末には三七〇万、一九六五年度末には二七〇万と激減の一途を辿っていた。にもかかわらず地震後の調査（警視庁警備心理学研究会と新潟大学心理学教室が共同で実施）では、被災者が地震関係の情報を知ったのは「トランジスタラジオ」が八四・九％で、「どういう方法の情報伝達がいちばん有効だったか」という質問に対してもやはり「トランジスタラジオ」が七〇・四％という高い比重を占めた（［61］五九二-五九三頁）。NHK広報室は「テレビの圧倒的な普及のかげに、とかく存在のうすれていたラジオの、ほんとうの価値が、そのまま親密に被災者とむすばれたということは、こんどの〈新潟地震〉放送で立証された特質のひとつであった」（［67］八頁）としている。

　新潟地震は、ラジオが被災地の内に向けた災害放送を担うべきメディアであることを痛感させる災害であったといえる。

切迫する地震に向けた防災放送――東海地震説（一九七六年）

　日本の災害報道において特異な位置を占めるのが東海地震の報道である。東海地震説は、一九七六年、当時東京大学の助手だった地震学者・石橋克彦が公表した学説をきっかけに、大きな社会現象となった。まだ起こりもしていない地震に名称がついたのはこの「東海地震」が初めてである。

東海地震は、駿河湾から静岡県付近を震源に発生が予測されている大規模地震である。四国沖から遠州灘にかけての南海トラフでは百数十年ごとにマグニチュード8程度の大規模な地震が起きてきた。未破壊として残った遠州灘に地震の可能性があるとされていたが一九七六年、安政東海地震（一八五四年）の新たな史料分析などを根拠に古文書が見つかり、駿河湾に歪みが蓄積しているとの見解が示されたのが、石橋による東海地震説である（ただし最近では、駿河湾内までを震源域とする大地震は南海トラフ東側の大地震のなかでもきわめて発生頻度が低いという可能性も指摘されている（［59］八七頁））。日本では新潟地震後、河角廣の「六九年周期説」（南関東地域における大地震の可能性が六九年プラスマイナス一三年周期というもの）がメディアを通じて話題となり、地震防災対策がにわかにクローズアップされていた（［59］五三頁）。こうしたことも、地震防災に関心を向かわせる背景となっていた。また中国では一九七五年に起きた海城地震（マグニチュード7・3）の直前予知が成功し、予知に対する期待が高まっていた（［70］一一二‐一四六頁）。

東海地震説を受けて静岡県には翌一九七七年に全国で初めて「地震対策課」が発足し、一九七八年には地震予知を前提とする「大規模地震対策特別措置法」（大震法）が制定された。そして専門家らによる「判定会」が招集され、「警戒宣言」が出されると経済活動が止まるという法的な仕組みが整備された。

放送メディアも積極的に地震の防災放送を行った。静岡の民放である静岡放送（以下、ＳＢＳ）のキャスター兼地震専門記者を務めていた川端信正は、筆者のヒアリング調査（二〇二一年七月一九日）に対し「一般の人々にとっても放送局にとっても非常に切迫感があった」と当時を振り返っている。ＳＢＳではテレビ・ラジオともに東海地震に備えるために「何をすればいいか」を積極的に放送した。ラジオでは、毎日一〜二分「家具の固定が大事です」などの「防災ワンポイントメモ」を一日五回から一〇回、「どんどんやった」という。テレビも週に一度は必ず「東海地震に備える」コーナーを放送した。川端は「切迫した状況だから、流すほうも受けるほうもできたんでしょうね。きょうかもしれない、あしたかもしれない。そんな空気だった」と話している。

同じく静岡県の地元紙である静岡新聞社でも、自分たちが近い将来、確実に震災に見舞われるという明確なイメージを持って徹底的に報道し、減災を目指した。またその報道を「震災前報道」と呼んでいた。現在では南海トラフ地震を視野に入れた特集などがその趣旨を引き継いでいるという（［71］）。

新聞との違いは、ラジオはリスナーの知りたいことに応える放送を意識していたことだった。川端は「学説を解説することよりもリスナーの疑問や行動の指針になることを優先して放送した。日常からリスナーとの関係性を構築していたからだ」という。東海地震説にまつわる防災放送にはラジオにおける減災コミュニケーションの原型をみることができる。

「一〇〇年に一度の大災害」――鹿児島県8・6水害（一九九三年）

　一九九三年八月六日、集中豪雨で鹿児島市の大部分が浸水し「一〇〇年に一度の大災害」といわれるほどの爪痕を残した。いわゆる「８・６水害」である。この災害で特に機能したのがラジオだといわれる。地元の民放である南日本放送（以下、ＭＢＣ）は午後五時前、すぐ横を流れる甲突《こうつき》川の水位がみるみる上昇し、あふれた濁流が社屋に流れ込みそうになった。社員が総出で土嚢を積んで浸水を防ぐ一方、ラジオは特別番組に切り替えて大雨情報を集中的に伝え始めた。ＮＨＫのテレビとラジオは細川護熙首相指名の国会中継を放送していた。ローカルの災害放送に切り替えたときには甲突川など市内の三つの河川が同時に氾濫し、広い範囲が浸水していた。県内が広範囲にわたって停電し、夕方の帰宅途中の車に閉じ込められた人々も多かった。人々は情報を求めてラジオに聞き入った。

　ＭＢＣラジオでは「情報スタッフ」と呼ばれる人たちが的確に被害の様子を伝えた。身近な情報を提供してもらおうと、県内各地に住む人たちに委嘱している制度で、たとえば国道筋に住む人には、朝のラッシュの道路の混み具合を電話で報告してもらい、そのまま放送に出す仕組みである。竜ヶ水の近くに住む情報スタッフも「ほとんど周りは土砂崩れ、列車は止まったまま。車が海に押し流された。巡視船がこちらに向かっているのが見える」（午後八時二五分）などと、スタジオからの呼びかけに対し、被災地の模様を見たままに伝えた。

　一方で鹿児島市の中心部も浸水し、勤め人や買い物途中の人、旅行客ら大勢の人が安全なビルに避難した。だが、電話が集中してかかりにくく自宅との連絡がつかない。ＮＨＫとＭＢＣはラジオでそうした人たちのための安否情報放送に踏み切った。ＮＨＫ鹿児島局では「市内鍛治屋町の東京海上ビルに、無事避難していらっしゃる一七四人の皆さんのお名前です。ラジオを聞いているご家族の方々は、ご安心ください」と全員の名前を読み上げた。この放送がきっかけとなって中央郵便局、スポーツセンター、百貨店、スーパーなどに避難していた人の名簿が次々と送られてきて、名前が放送に乗った（以上［6］）。

ところでラジオは一九六九年からＦＭ放送が次々に開局を迎えていた。この水害の半年ほど前（一九九二年）に開局したばかりのエフエム鹿児島は、第3章で行った筆者のアンケート調査（二〇二〇年六月）に対し、身動きがとれなくなったドライバーへの呼びかけをラジオ放送で行ったと回答した。深夜に桜島の対岸に位置する国道一〇号線が土砂崩れで通行不能になり、多くの車が立ち往生していた。そのドライバー向けに「鹿児島市から救助のフェリーが向かうので車を乗り捨てて乗船するように」という呼びかけの要請を鹿児島市から受け、割り込み放送で対応したという。翌日には雨が止んだが、各地で断水したため、給水車のスケジュールを放送で案内した。個別の被災者に向けた呼びかけや安否放送など、ラジオのローカル性が機能した災害だったといえる。

災害報道再考とラジオの生活情報――阪神・淡路大震災（一九九五年）

戦後五〇年にあたる一九九五年の一月一七日、阪神・淡路大震災が起きた（写真9、写真10）。近代都市が初めて震度七の激震に襲われた直下型地震で、災害時の報道だけでなく日常からの災害の伝え

写真９　ポートアイランド（神戸市中央区）から見た長田区・兵庫区方面（1995年１月17日）

（提供：神戸市）

写真10　国道２号線岩屋交差点〜求女塚西公園付近（神戸市灘区）での阪神高速道路倒壊（1995年１月21日）

（提供：神戸市）

方についても大きな課題をつきつけた。

まず、専門家と一般の人々の認識の乖離が歴然とした。専門家は近畿地方でも歴史的に直下型地震が頻発していたことを認識しており、活断層による地震の危険性を指摘する報告書も神戸市（一九七四年）や兵庫県（一九八一年）から提出されていた（[72][73]）。ところが一般の人々の間には「関西は地震が起きない安全な地域」であるとか「（漠然と）地震予知は可能」といった思い込みが広まっていた。これは事前のメディアの報道も一因であるとされ、日常からの継続的な防災放送の必要性が痛感された。

また、地震は放送局や行政機関が最も手薄な夜明け前の発生であったため、当初は被害の把握すら困難であった。被災地への通信や交通が途絶して取材が困難になったこと、行政職員自身も被災者となったことなどが重なり、比較的被害の軽微な周辺地域の情報はわかるのに中心部の被害がなかなかつかめない「災害情報のドーナツ化現象」が起きた（［20］一一二-一一三頁）。また落下した阪神高速道路の高架橋付近や大規模避難所など、テレビ中継が特定の場所に集中したことによる過熱報道や、取材の偏り・集中が起きたことも指摘されている（［20］一一五-一一六頁）。

そのなかにあって、ラジオは「被災地に向けた放送」に徹したことが評価された。ＮＨＫ大阪放送局（ＢＫ）は安否情報の放送をＦＭで開始し、続いて交通・入浴・水道・電気など生活関連の情報提供番組を開始、地震発生三日後からは神戸市役所内の臨時スタジオに「生活情報放送センター」を開設、ラジオ第一放送で定時に情報を提供していった。また兵庫県からの要望に応じ、独自のＦＭ波を使った臨時災害放送局「ＦＭ７９６フェニックス」に機材の貸与と制作、送出関係の人員を派遣し、きめ細かい生活情報や避難所のリポートに協力した（［74］二六六-二六七頁）。一方、神戸市に本社を置くラジオ関西[5]（以下、ＣＲ）は社屋が被災し、直後に一三分五秒もの間、放送の音声が流れないと

（５）　ラジオ関西は一九九五年当時「ＡＭ神戸」という愛称で呼ばれていた。

いう困難に見舞われたが「被災地の被災した人たちに向けた救命・救援放送であること」などのコンセプトを掲げて放送を続けた。また記者が被災地を歩き、長田区の火災現場の近くで息子を亡くした被災者にインタビューするなど、被災地の現状を生々しく伝えた（[75]）。一方でリスナーからのリクエストを受け付ける電話回線を生かし、被災市民からの情報を受け付け、放送で流した。そこで寄せられた「水が欲しい」「透析のできる病院を教えて」といった切実な内容の電話について、個人の情報ではあるが大勢の被災者に共通した関心事と考えたＣＲでは、そのほとんどを放送で流した。放送されると直ちに、水を汲める場所や透析を実施している病院を教える電話がかかってきた（[76]二〇五、二五〇、二五二、二五四、二五八頁）。

また、大阪に本社を置く毎日放送（以下、ＭＢＳ）では、放送のためスタジオに向かおうとしていたパーソナリティー（故・川村龍一）が、他のメディアに先駆けて阪神高速道路倒壊の事実を電話リポートで伝えた。また地震直後から「被災者を支援したい」とする電話が鳴り響き、ＣＲ同様、被災者の生活に必要な水や食料、銭湯、交通などに関するきめ細かい情報をリスナーの電話や取材に基づき流し続けた（[77]）。

新潟地震では「被災地の外に対して地震の惨状を伝える」テレビと「被災地向け」のラジオの役割が明確になったとされる（[19]）が、その役割がより明確化し、ラジオの評価が高まったのが阪神・淡路大震災であった。

一方で、震災によって、日本に住む外国人への情報提供が必要だという趣旨から、大阪のＦＭＣＯ

ＣＯＬＯや名古屋のＲＡＤＩＯ‐ｉなど外国語ＦＭ放送局に一斉に免許が交付された。ただしその後、経営難によりＲＡＤＩＯ‐ｉは放送を終了した（［78］）。さらには民放ラジオよりもきめ細かな情報を伝えるコミュニティＦＭの重要性が認識され、被災地のＦＭわぃわぃなど多数のコミュニティＦＭが注目されたが、ＦＭわぃわぃもその後、経営難によりインターネット放送局へと移行している（［79］）。

また災害が長期化・深刻化したことにより、被災地や被災者のその後を追う長期復興報道が開始された。危機管理や救援・救助の問題だけでなく、被災者の生活再建、こころの問題、まちづくり、経済復興などさまざまな問題についての報道が長期にわたって行われた。その一例がＭＢＳラジオの災害番組「ネットワーク１・17」である。一九九五年四月に開始したこの番組は、阪神・淡路大震災以来、今日まで唯一続く災害専門の番組として二〇二三年一二月現在も放送している（［80］）。

津波避難の呼びかけと臨時災害放送局――東日本大震災（二〇一一年）

阪神・淡路大震災後、最大の災害が東日本大震災（二〇一一年）である。気象庁の津波警報は出ていたが、実際にはそれを上回る高さの巨大津波が三陸沿岸などを襲い、死者一万九七四七人、行方不明者二五五六人、その九〇％が津波による溺死という大惨事を招いた（二〇二一年三月九日現在（［81］二頁））。民放連の調査では、被災三県の地上波テレビ・ラジオは、津波からの避難時には放送の停波がほとんどなく、大津波警報や余震情報をリアルタイムで放送したことがわかっている（［5］）。地震発生は三月一一日午後二時四六分であったが、岩手県大船渡市に八メートル以上の津波が到達したとされるのは午後三時一八分である。それ以降、釜石市、宮古市、宮城県石巻市、福島県いわき市、相馬市など次々に沿岸を大津波が襲った（［82］）。つまり逃げるための時間は少なくとも三〇分あった。放送で呼びかけていたはずの避難が、人々に届かなかったという反省から、ＮＨＫや民放各局ではいわゆる「津波呼びかけコメント」のあり方が真剣に検討され、呼びかけの口調や文言、画面構成を全面的に見直すことになった（たとえば［83］）。

また福島県では原子力発電所の事故が起きた。社会学者の藤田真文は「これまでに日本のマス・メディアが経験していない状況下での報道活動継続を余儀なくされた」（［84］五七頁）とし、岩手、宮城、福島の民放とＮＨＫローカルテレビ局に対する聞き取り調査の結果、放射性物質に関する放送局側の専門的知識の不足や、風評被害にもかかわる、事実を伝えかつ不安をあおらない報道、そして全国報道との温度差などに困難や課題があったとされると述べている（［84］）。

そのなかにあってラジオは、広範囲の停電がかなりの期間続いたこともあり存在感を示した。第1章第1節でも述べたが、民放連研究所による調査で「ラジオに物心両面で救われた」「ラジオがなければ精神的にどうなっていたか考えると怖くなる」といった回答が多くみられた。この理由については「ラジオが持つリスナーとの距離の近さやリスナーに直接語りかけるような臨場感、密着感、放送を通じたコミュニティの形成機能などが、高い信頼度を生みだした背景になっていることは充分考えられる」と分析されている（［5］）。

東日本大震災後はまた、臨災局が数多く開設された。臨災局は阪神・淡路大震災をきっかけに制度化されたもので、マスメディアがカバーしきれない身近な地域の情報を担うこととなった。東日本大震災では、広範囲に及ぶ被災地のなかでもそれぞれの地域特性を生かし、コミュニティの親密性を担保しながら復興への道のりを共に歩むというコミュニティ単位の放送の重要性が認識された（たとえば[39]）。ただし臨災局は、免許主体も放送に関しては「素人」の自治体である。このため臨時・短期のものと想定され、閉局後はコミュニティFMに移行する局もあるがそのまま活動を止める局もある。東日本大震災の臨災局は二〇一八年三月三一日ですべて閉局した（[85]）。

一方で、二〇〇〇年代にはネットワークを介して写真の共有を可能にするソーシャルメディアが次々と生まれた。たとえばFacebook（二〇〇四年）、Flickr（二〇〇四年）、Twitter（二〇〇六年、二〇二三年Xに名称変更）、Instagram（二〇一〇年）、LINE（二〇一一年）などである。これによって新しいかたちのコミュニケーションが生成した。ソーシャルメディアは既存のメディアがカバーしきれない範囲の情報を担い、東日本大震災を契機として「メディア」としての役割も注目されるようになった（[86]）。

ソーシャルメディア普及後の震災——熊本地震（二〇一六年）

ソーシャルメディア普及後の災害である熊本地震（二〇一六年）では、観測史上初めて約二八時間の間に最大震度七の揺れが二度襲った（[87]二頁）。また臨災局が立ち上げられ、コミュニティ単位の情報を重視する放送が行われた（現在はすべて閉局（[88]））。またソーシャルメディアの浸透を背景に、熊本市長自らが当時の Twitter によって被災状況を伝え、救援や市民への協力を呼びかけた（たとえば[89][90]）。ただ同時に Twitter 上では「ライオンが逃げた」などのデマも広まり、デマを拡散させたとして発信者が逮捕される事件も起きた[6]（たとえば[91]）。

地震の際、県域ＡＭ局であるＲＫＫ熊本放送ラジオ（以下、ＲＫＫラジオ）では三日間の地震特別番組を編成し、リスナーから四〇〇通以上のメールが寄せられた。そのほとんどを紹介しながら被災者のニーズに寄り添った放送を展開したことがわかっている。ＲＫＫラジオのリスナーからのメールについては、第４章で詳しく述べることとする。

3　日本におけるラジオの変遷

第１章第４節で述べたように、ラジオは元来、語る者と聴く者を親密な関係にするとされている。しかしもうひとつ重要なのは、リスナーが放送に参加するというコミュニケーションスタイルである。今日のラジオが災害時、情報伝達だけでなく被災者に寄り添うメディアとしての側面があるのは、日常のラジオ番組においてリスナーが放送に関与できる「参加型コミュニケーション」が培われてきたことが根底にある。参加型コミュニケーションが確立した背景には、テレビの台頭によるラジオの新たな戦略があった。

テレビの台頭によるラジオの模索

一九五三年にＮＨＫと日本テレビによってテレビ放送が開始されると街頭テレビに人気が集まるようになった。家庭にテレビが爆発的に普及したきっかけは一九五九年四月の「皇太子ご成婚」である。パレードをテレビ中継で見たいと人々がテレビを購入するようになり、白黒テレビの受信契約数は「ご成婚」一週間前には、約一年前に比べて二倍の二〇〇万（普及率一一％）を突破した。さらに一九六四年一〇月の東京オリンピック開催にともないこの年の一二月には契約数一五〇〇万、翌年三月には一七〇〇万を突破した（［6］）。また一九五九年に初めてテレビとラジオの広告費が逆転（テレビ二三八億円、ラジオ一六二億円）し、この年を境に主役がラジオからテレビへと入れ替わる。日本では一九五六年から「神武景気」と呼ばれる好景気が訪れ、この年度の経済白書が「もはや戦後ではない」というキャッチフレーズで注目された。当時、価格は「高嶺の花」ではあったものの家庭電化製品の「三種の神器」と呼ばれたのがテレビ、電気洗濯機、電気冷蔵庫であった。その後「なべ底不況」を経験するが一九五八年後半から再び景気は上昇、一九五九年からの「岩戸景気」を背景にテレビも急成長した（［61］）。一家でラジオに耳を傾ける時代は去り、ラジオは個人で聴取するものへと変化した。一九五〇年代後半から一九六〇年代にかけてラジオは衰退の一途を辿るかにみえた。しかしそこ

（6）その後、熊本地検は逮捕されたＡさんを不起訴処分（起訴猶予）としている（二〇一七年三月二二日）。

で本来のあり方を再考し、起死回生を試みた結果、生まれたのが「オーディエンス・セグメンテーション」「番組の生ワイド化」、そして番組と聴取者とをつなぐ「パーソナリティー」であった（[6]）。

オーディエンス・セグメンテーション（聴取者細分化）

実は日本より五年ほど早く、アメリカでもラジオは同じような苦境に陥っていた。このためかつての豪華なショーのかわりに取材網を生かしたニュース、ニュース解説などを中心に番組編成を大幅に見直し、その結果、ネットワーク広告費にかわりスポット広告費やローカル広告費が漸増、一九六〇年ごろから経営が改善していた。日本からも民放連を中心に民放ラジオ各社がアメリカの実情を視察し、一九六三年からは民放ラジオが業界をあげてラジオを再認識するキャンペーンを展開、一九六四年には日本民間放送連盟放送研究所（以下、民放連放送研究所）が『ラジオ白書』を発表した（[61]四五九-四六一頁）。ラジオ白書については後述する。そしてニッポン放送によって一九六四年三月から導入されたのが「オーディエンス・セグメンテーション」である。オーディエンス・セグメンテーションとは聴取者の細分化を意味し、聴取者を時間帯別の特性に応じて分類し、それぞれの聴取対象にふさわしい番組を集中的に編成するものである（[64]一五-一六頁）。このころ、トランジスターラジオは二世帯に一台の割合まで普及し始めており、「個人聴取」という新たな聴取態様に対応した戦略でもあった。ニッポン放送は二四時間を五つの時間帯に区切り、男性向けの朝、女性向けの午前、ドライバー向けの午後、若者向けの夜、などとターゲットを明確にした番組づくりを打ち出した。性別、年齢別、職業別のほかに、生活意識や生活行動なども加味した（［6］）。この結果、特に午後や夜の時間帯に新たなスポンサーを獲得することができ（［61］）、ニッポン放送の一九六五年九月末の決算は、ほかの在京ラジオ二社が減収だったのに対し、前期比で七一〇〇万円の増収という業績を上げた（［6］）。

ニッポン放送に続き、文化放送やＴＢＳラジオをはじめとした他のラジオ局も各地の実情に即したセグメンテーション編成を取り入れ、こうした編成は次第に全国に普及した。この編成によってラジオは「ながら聴取」のみに陥るメディアではなく、積極的に「聴かれる」メディアとしての生き残りに成功した（［6］）。

生ワイド・パーソナリティー・聴取者参加

オーディエンス・セグメンテーションから生まれた最大の産物は「生ワイド番組」と「パーソナリティー」そして「聴取者参加」である。

録音番組に比べ生放送の利点は、リアルタイムで進行するためにビビットな情報を提供しやすいこと、人件費・スタジオ費などの制作コストが安上がりなこと、電話などを使って、聴取者との即時交流が可能なことなどが挙げられる。生放送は少なくとも六〇分程度の時間枠が必要であるが、民放がスタートしたころのラジオの編成はクォーターシステムと呼ばれる一五分刻みの番組が繰り返されるもので、戦後、ＮＨＫがＧＨＱの指導のもとで取り入れ、聴取者にはなじんでいた。そこで従来の番組と区別するために「生ワイド番組」あるいは「総合ワイド番組」と呼ばれた（［61］）。

一九五八年から一九六〇年にかけて各地の民放に一斉に生ワイド番組が登場する。一九五九年一〇月一〇日、ニッポン放送がオールナイト放送を実験的に開始した。主として深夜に働く大人を対象に、歌謡曲や軽音楽、セミクラシックを中心にしたものであった（［6］）。これに対して一九六六年、ラジオ関東が若者向けにリクエスト番組をディスクジョッキー（ディスク＝レコードを乗り回す人の意味。ＤＪ）形式で生放送する番組を開始、学生層を中心に人気番組となった。これをきっかけに若者向けのオールナイト放送が全国に広まり、ラジオの二四時間放送が本格化する。背景には若者たちの意識や生活環境の変化があった。一九六〇年ごろからの高度経済成長期で都市周辺の開発が進み、道路建設や地下鉄の延長、水道やガスの工事などが交通量の少ない夜間に各所で行われ、そこには若い深夜労働者が働いていた。また大学の志望者は戦後のベビーブームの影響もあり一九六七年度には約七三万人に達し、大学の「狭き門」はいっそう狭くなった。「受験地獄」や高校浪人が増加し社会問題化するとともに、深夜、あたりが寝静まってから勉強する若者が増えていた（［61］）。

また文化放送が一九六一年、聴取者の電話による質問に助言・回答を与える番組を新たにスタートさせ、話題を呼んだ。同様の番組は大阪や北海道、九州にも広がり、電話制限をしなければならないほど応募が殺到した。さらに投書による同様の番組、聴取者が番組制作に直接参加する番組など聴取者参加型の番組が広がりをみせていた（［61］）。

次にニッポン放送は一九六七年一〇月、深夜番組「オールナイトニッポン」をスタートさせる。ここで最初に番組の司会進行に対して「パーソナリティー」という呼び名が使われた。アナウンサーでもディスクジョッキーでもない、トークの達人を表す言葉であったが、アメリカではパーソナリティーという呼び名は使われておらず、まったくの造語であった。パーソナリティー番組は爆発的な人気を得るようになり、深夜放送をはじめとするワイド番組で強烈な個性を持ったパーソナリティーが要求されるようになってきた（［６］）。

一方で、パーソナリティーが増えるについて批判も出るようになる。一九七〇年、放送番組向上委員会[7]は深夜ラジオと聴取者の接触状況について審議し、見解をまとめ各放送局に協力を要請した。そのなかで、深夜放送のほとんどが受験生を対象とし、高校生から小中学生にまで広がっていく傾向があることを指摘し「健康な姿ではなく「放送公害的」な性格を強めている」としたほか「パーソナリティーの一部もヤング層にあまりに迎合的である」としている。若者の間で過熱するほどパーソナリ

（７）テレビの普及にともないテレビの「悪影響」に対する社会的批判が高まったことを受け一九六五年、ＮＨＫと民放連が発足させた。当初は放送関係の自主的機関である日本放送連合会のなかに設置され、ＮＨＫ、民放連、放送連合のそれぞれが推薦する学識経験者で構成され、番組の向上を図り、放送事業の倫理的姿勢を高めることなどを目的とした。しかし日本放送連合が一九六九年に解散したため、その後は新たに設置された放送番組向上協議会（現在のＢＰＯ「放送倫理・番組向上機構」の前身）が放送番組向上委員会の維持・運営にあたった（［61］七〇七‐七〇八頁）。

ティーが浸透していたことを示すエピソードである。当時の深夜放送の「ビッグ3」とされたのはTBSラジオ「パック・イン・ミュージック」、ニッポン放送「オールナイトニッポン」、文化放送「セイ!ヤング」の三番組で、それぞれ独特の語り口を持つ名物パーソナリティーが誕生した（［6］）。これらのパーソナリティーは、リスナー参加型のスタイルを展開する。熱心な「ヘビーリスナー」のなかから毎回、ハガキが放送で取り上げられる「ハガキ職人」が生まれ、それらのハガキから番組のコーナー企画が誕生し、イベントが生まれていった（たとえば［92］）。

なお、一九六七年に入るとラジオの広告費は顕著な増加をみせ[8]、ラジオ復興の兆しがみえてきた。

『ラジオ白書』の分析——マス・パーソナル・コミュニケーション

ラジオの転換期ともいえるこの時代に、民放連放送研究所は『ラジオ白書』（［93］）でラジオの特性と役割を再考している。前述のように民放ラジオが業界をあげてラジオを再認識するキャンペーンを展開するなかで発表されたもので、テレビ普及下のラジオが不当に過小評価される原因を指摘しながら新しいラジオの特性を強調した（［61］四六一頁、［93］三頁）。たとえば白書ではテレビとラジオの「聴視行動」を東海ラジオ放送専務・南正義の言葉から次のように紹介している。

> テレビ番組はえびの天ぷらであり、中国料理であり、ビフテキである。わたしたちは〔中略〕いざ食わんかなと身構えるところがある。これに対し、ラジオの番組は、いわば一碗のお茶であり、

> 辛くも甘くもない米のご飯であり、呼吸動作を意識することなく吸いこんでいる空気である。別にありがたいとか、とくにうまいとか感ずることなく、〔中略〕力んで身構えることがすくない。〔中略〕テレビの登場・普及とともに、ラジオ番組は食事の主食、食後のお茶、そして空気のようなものにかわった。〔中略〕だからいったん事あったとき、人々はラジオのありがたさをしみじみと感ずる。（［93］一二頁）

つまり、ラジオは空気のようなもので、インパクトがないのでどのような影響を受けたのかはわかりにくい。ただ心の中にはじわじわと浸透していて、災害が起こったときなどに初めてそのありがたみがわかるというわけである。

白書にはさらに「今日のラジオの特性について、とくにクローズ・アップできるのは、「マス・パーソナル・コミュニケーション」とよんでもよい性質である。つまり、マス・コミュニケーションでありながら、パーソナル・コミュニケーションの色合いが深くにじんでいるという性質である」

（8）　ローカル局として設立された民放ラジオも体質強化を求めざるをえなくなり一九六五年、東京放送系（JRN）と文化放送・ニッポン放送系（NRN）のラジオネットワークが誕生した。これによりキー局は番組販売収入が増え、地方局は安い価格で番組を調達し余力でローカル番組の充実を図ることができ、ナショナルスポンサーの開発も可能になった。こうした背景により、ラジオの広告費は一九六七年には前年比一五・四％増の一九五億円に回復した（［61］七一六-七一八頁）。

（［93］三二頁）という重要な指摘が含まれている。白書は、テレビは肉声も音声もともなう人間的（パーソナル）なメディアであるかもしれないが、家族という集団に向けて放送されるものが支配的であり、その意味では個人的（パーソナル）ではなく、ラジオのほうがより「パーソナル」であるとしている。そのうえで、「「あなたがた」から「あなた」へ、「不特定マス」から「限定マス」へ、そして「全国カバレジ」から「地域カバレジ」へと、対象の個別化へとかかわりつつある今日のラジオは、さしあたり、マス・コミュニケーションのなかで、もっともパーソナル・コミュニケーションの性質をそなえていくことになるといってよいだろう」（［93］三三頁）と述べている。そしてラジオ聴取の「個人化」がひとつの大きな鍵であると指摘し（［93］三三頁）、受け手の顔をとらえることの重要性を指摘している。

これは災害放送にも当てはまる重要な指摘である。災害史をみても、災害時に被災者のニーズに絞った放送を行うことにより、ラジオは信頼性を高めてきたといえる。

4　まとめ——ラジオの今日的役割

本章ではまず、無線電話の発展形として誕生したラジオが現在のような放送を提供するメディアとなるまでの歴史をメディア史と災害史の視点から振り返った。ラジオは約一〇〇年前、夢のニューメディアとして迎えられ、娯楽や教養を提供してきたが、戦争においては時に一方的な広報宣伝に利用され、その反省から戦後、自由なメディアとしての再起をはかり、民放も誕生した。一方、日本においてはラジオの誕生は関東大震災（一九二三年）の流言飛語に対する反省と深く関係しており、災害にも強い無線通信の機能とともに当初から災害時のデマを防ぐ役割を期待されていたといえる。その後の災害においてラジオは同時性を生かした放送を提供し、はじめは被害報道、やがて伊勢湾台風（一九五九年）で初めて事前の防災放送を実現させ、阪神・淡路大震災（一九九五年）ではテレビよりもきめ細かな生活情報を提供するとともに、長期間の復興プロセスを追う復興報道を定着させた。これらはすべて経験と反省、試行錯誤のうえに積み重ねられたラジオの歴史である。一方でメディアとして持つ特性――語る者と聴く者を親密な一対一の関係に置くことやマス・パーソナル・コミュニケーションを可能にするメディアである点――も、ラジオの災害放送を考えるうえでは欠かせない要素である。「送りっぱなし」という意味で最初に無線電信用語として用いられた「放送」は歴史のなかで、一方的な通信ではない新しい機能を開拓してきたといえる。これらのことから今日のラジオの役割を確認することができる。それは主に次の四点と考えられる。

(1) リスナーとラジオをつなぐ双方向性

まず挙げられるのは、リスナーの声を即座に放送で生かし、それに対して番組の送り手やほかのリスナーが交流するといったラジオの双方向性である。これが定着するきっかけはテレビの台頭であった。テレビの放送開始によって「お茶の間」の主役を奪われたラジオは再構成の必要に迫られた。その結果、生み出されたのが、特定時間帯に限られた聴取層に向けた内容を届ける「オーディエンス・セグメンテーション」戦略であり、番組費節約のための生ワイド化であり、生ワイド番組においてリスナーと番組とをつなげる強烈な個性の「パーソナリティー」であった。パーソナリティーは一九六〇年代後半「オーディエンス・セグメンテーション」により若者層にターゲットを絞った深夜放送に登場し、熱狂的なブームを呼んだ。そしてリスナーのハガキを紹介し、親しく関係を築いていく参加型の双方向コミュニケーションスタイルを確立し、今日のラジオにも定着した。日常の番組でこうした双方向性を築くことにより、災害時にも被災者の声を取り上げ、ニーズに寄り添うことで被災地に特化したローカル放送を行い、パーソナリティーのおなじみの声による励ましの放送をすることが可能になっているといえる。

(2) 震災前報道に代表される継続性・サイクル性

ラジオでは、災害が起きたあとの被害報道だけでなく予防報道を日常生活に溶け込ませるかたちで継続して行うことが可能である。その一例が「東海地震説」を契機に静岡で始まった震災前報道である。ＳＢＳラジオでは学説が発表された当時、すぐできる地震対策などについて一日何回も短い防災メモを発信し、リスナーがいま何をすべきかについて情報を提供した。また阪神・淡路大震災のあとは、ＭＢＳラジオの「ネットワーク１・17」が、被災者に寄り添う放送から次の災害に向けた予防報道まで幅広い内容の放送を日常的に行っている。これらは災害時特別番組としてではなく通常番組の一部として、日常生活のなかで予防報道に触れることができるように編成されている。この点において、ラジオの特性が発揮されていると考えることができる。

（3）民放ラジオに代表される地域性

長らくＮＨＫ一局が全国放送を行ってきたラジオだが一九五一年、一県一局を原則として民放ラジオが誕生すると、地域性・ローカル性を前面に打ち出す番組が作られるようになった。この特性は災害時にも生かされ、西日本大水害（一九五三年）では開局間もないラジオ九州が被災者に寄り添ったローカル放送で高く評価された。その後、新潟地震（一九六四年）ではラジオが「尋ね人」のニーズをくみ取り、安否を知りたい・知らせたいという被災者の要望に応えて個人情報を流す安否放送をしている。この姿勢は阪神・淡路大震災でもＣＲが被災者の視点に立って生活情報を流し続けるなど、地元から高く評価されたことにもつながる。被災者のきめ細かなニーズにも耳を傾け、寄り添うというラジオの地域性は大きな特徴のひとつである。

（4）同時性

ラジオには情報を同時に一斉に、あまねく伝達する機能がある。ラジオがなかった時代の関東大震災（一九二三年）で「ラジオさえあればデマを防げたのではないか」という期待を背負ってラジオが誕生したように、この同時性は、いま起きていることを正しく伝える機能として災害時の被害報道などにも発揮されてきた。しかし歴史をみると、この特性は諸刃の剣ともなっていた。戦時中、事実と異なる情報である大本営発表を瞬時にあまねく放送し、戦意高揚の道具として利用されたことがその一例である。この反省からも戦後、ラジオはマイクを開放し、一方的な伝達手段ではなく人々の声を取り入れる放送や、ＮＨＫ一局によらない、民放各社による多様な放送を開始し、現在もラジオの災害放送に生かされている。

　ところで以上の四点は、あくまでも「歴史上、新聞やテレビと比較して」導き出された役割である。ところがソーシャルメディアを中心とするインターネットメディアと比較した場合、これらの役割は違った意味を帯びてくる。ネットメディアと比較した場合、どれもがインターネットの世界のほうが突き抜けているということができるのだ。（1）の双方向性は、FacebookなどのＳＮＳで一対一の個人間における双方向性がさらに際立っている。（2）の継続性・サイクル性については、インターネット上の投稿は事実上、削除することができないという一種の「継続性」を挙げることができる。（3）の地域性は、ＳＮＳのグループなどでやりとりされる災害時の情報などは、ラジオが扱うよりもはるかに狭い範囲の地域情報となっている。（4）の同時性においても、個人がそれぞれ発信者となるネットの世界では、地震の揺れを直ちに投稿する、自宅の被害を撮影し投稿する、目撃情報を直ちに投稿する、などの究極の同時性が実現している。ラジオはもはや、これら四つの役割の「最先端」ではなくなっているといえる。

　しかしむしろ、そこにラジオの今日的役割があるとみることもできる。ソーシャルメディア、特に

SNSでは「エコーチェンバー（Echo Chamber）」や「フィルターバブル（Filter Bubble）」といった問題が指摘されている。「エコーチェンバー」とは、ソーシャルメディアを利用する際、自分と似た興味関心を持つユーザーをたくさんフォローし、結果的に、同じようなニュースや情報ばかりが流通する閉じた情報環境になりがちになり、意見をSNSで発信すると、自分とそっくりな意見ばかりが返ってくる状況のことで、閉じた小部屋で音が反響する物理現象にたとえられている（［94］）。情報学が専門の研究者笹原和俊は、エコーチェンバーの中にいると、「何度も同じ情報を見聞きするので、単純接触効果によって真偽不明の情報であっても信じやすくなったり、その情報を共有しやすくなったりしてしまう」ほか、「自分とは違う考え方や価値観の違う人たちと交流する機会を失ってしまうため、自分とは異なる視点からの意見やデマを訂正するような情報も入ってこなくなってしまう」としている（［95］三一〇頁）。また「フィルターバブル」とは、ユーザーの個人情報を学習したアルゴリズムによって、その人にとって興味関心がありそうな情報ばかりがやってくるような情報環境のことで、情報をろ過する膜の中にユーザーが閉じ込められ、みんなが孤立していくイメージの比喩に基づいているとし、フィルターはユーザーに合ったカスタマイズをする「パーソナライゼーション」の技術によって作られるため、みんなが共通の現実を持ちづらい状況が生じてしまうと指摘する（［95］）。そして、この「エコーチェンバー」や「フィルターバブル」が「偽ニュース」（フェイクニュースともいう）が拡散しやすくなる要因だと述べている（［94］）。メディア論の研究者水越伸も、ソーシャルメディアは、文化や価値観の異なる不特定多数の人々からなるパブリック、あるいは大衆とは異なり、参加人数やフォロワー、コミュニティがいかに大規模なものになろうとも、あくまでも「特定多数」であると指摘している（［41］九八頁）。このため社会全般を俯瞰的にとらえ反映する、ソーシャルメディアとは異なるメディアが不可欠だとしている（［41］二〇三頁）。

ＳＮＳを含むソーシャルメディアなどでは、（1）の双方向性に関連し、脊髄反射的な反応によって投稿が大勢のバッシングを受ける「炎上」といった現象もしばしば起きている。（2）の継続性は、死蔵されている情報がある日突然、掘り起こされ、脚光を浴びたり、反対に批判にさらされたりする現象をも引き起こしている。（3）の地域性では、エコーチェンバーやフィルターバブルに閉じ込められた世界のみの情報がすべてだとしてしまう危うさを持ち合わせている。また（4）の同時性については、評論家の宇野常寛がインターネットの「速度」について問題を投げかけている（［96］）。宇野は、かつて最も自由な発信の場として期待されていたインターネットがいまとなっては最も不自由な場となり人々を抑圧していると指摘し、利用者一人ひとりの同調圧力によって息苦しさを増す場となっているとして、「いま必要なのはもっと「遅い」インターネットだ」と主張している（［96］一八四頁）。宇野は「現在のインターネットが人間を「考えさせない」ための道具になっている」（［96］一八四頁）としていて、この行き詰まりの原因はその「速さ」にあるとする（［96］一八六頁）。

これに対して、ラジオはどうだろうか。（1）の双方向性は、公共の電波という公開の場で行われるリスナーとパーソナリティーとのやりとりであり、第三者がいつでも輪に加わることのできる緩やかな双方向性である。（2）の継続性・サイクル性においては、電波に流れる音声は原則、一度きりのもので自然と記憶の彼方に消えていく。radiko（インターネットによるラジオの同時配信サービス（［97］））ではリアルタイムの放送のほか、原則一週間以内の放送を繰り返し聴取することができるが、期間を過ぎればその番組にはアクセスすることができない。このため過去の一言一句をあげつらう反応が起きにくいといえる。（3）の地域性においては「関東圏」「関西圏」あるいは都道府県といった範囲での地域性であり、多様な声や情報を受け入れる余地があるといえる。（4）の同時性においても、ラジオに入った情報はＳＮＳのタイムラインのように垂れ流しにされることはない。一度ラジオ局側で情報の確認が行われ、編集され、パーソナリティーやアナウンサーなどの声によって伝えられることになる。瞬時の速報ではないが、そのことが「思考を入れず脊髄反射的に情報を流す」ことを防いでいるともいえる。

以上をまとめると、ラジオの役割は「速すぎる」インターネットに比べれば「緩やかな」双方向性、継続性とサイクル性、地域性、同時性にある。むしろ、究極ではなくなっていることでラジオの特性や良さを引き出しているのだと考えることもできる。

そこで次章以降、これらの役割を具体例に基づき、論じていくこととする。

第3章　ラジオの災害放送は日常の延長に

民放ラジオ全社アンケートから

災害放送と減災コミュニケーションにおけるラジオの役割を明らかにするためには、ラジオの制作者側（送り手）とリスナー側（受け手）双方についての調査が必要である。本章ではこのうち「送り手」である民放ラジオを対象に実施したアンケート調査を用いて、ラジオの災害放送における特異性を明らかにする。その際、着目するのは日常の放送との関連性である。またこの結果をもとに、第1章で述べた災害放送の四パターン（防災放送、被害報道、安否放送、生活情報）（［18］）以外にもラジオが担うべき災害放送のパターンがあるのか検討する。

1　調査の前提――なぜ「日常」が重要なのか

第1章第1節で述べたように、災害時にラジオに対して「いつものパーソナリティーの声が聞こえてほっとした」（［4］）、「物心両面で救われた」（［5］）といったリスナーの声が寄せられるのは、ラジオが単なる情報を得る手段ではないことを示している可能性がある。

災害復興においては、内発的な災害復興を研究する宮本匠が提唱した「めざす」かかわりと「すごす」かかわりという考え方がある（［98］）。それによれば、未来の復興のために現在があると考える「めざす」かかわりは、変化を目的とする時点で現在を否定することにもつながる。一方で「すごす」かかわりは相手の存在のかけがえのなさに重きが置かれ、ただそばにいる、寄り添うといったかかわりを指す。このため「すごす」かかわりが現代の復興支援に必要不可欠であるとするものだ。ラジオのリスナーが求めるものは、この「すごす」かかわりにも似たはたらきである可能性がある。同様の議論として、存在の意味を基礎づける時間感覚として「インストゥルメンタル（instrumental）」と「コンサマトリー（consummatory）という二つの語を挙げることができる（［99］）。インストゥルメンタルな時間感覚とは「最終結果のみに意味がある」ような感覚であり、これに対してコンサマトリーな時間感覚とは「その時自体のうちに完結して充足する感覚」を指している。これに照らし合わせると、本書で触れた災害放送の四パターン（防災放送、被害報道、安否放送、生活情報）はすべて、何らかの目的のために役立つ「インストゥルメンタル」な放送であるということもできる。しかしリスナーからの「精神的な支えになった」という反響は、被災者のつらさに対して共感し寄り添い、ともに「すごす」という「コンサマトリー」な災害放送のパターンがあることを示してはいないだろうか。

このような「コンサマトリー」な災害放送は、日常と深くかかわっていると考えられる。ここでいう日常は、ひとつは、ラジオの日常の放送との関連性のことだ。ラジオが災害時に評価される理由について、メディア文化論を専門とする社会学者の小川博司は「参加型コミュニケーションを日常から実践しているからである」と指摘している（［100］四四頁）。参加型コミュニケーションの原型は、一九六〇年代に始まった深夜ラジオで番組が出したテーマにちなんだ体験談をリスナーが寄せる形態にあり、阪神・淡路大震災（一九九五年）で神戸や大阪のラジオ局がすぐに被災者の立場に立った放送を始めることができたのは、ラジオが日頃からハガキ、電話、ファクシミリなどを通して視聴者とつながる回路があったからだという指摘だ。この参加型コミュニケーションは災害を想定したものではなく、ラジオのなかで自然発生的に生まれてきたものだが、災害時にこのコミュニケーションが生きたということになる。これは防災心理学を専門とする心理学者の矢守克也が提唱している「生活防災」（［101］）の考え方にも通じる。「生活防災」は防災・減災に関する活動を日々の生活習慣のなかに組み込むという基本原則である。たとえば何気ない挨拶が日常の近隣関係を豊かにし、空き巣・不審者対策や災害時の「共助」の基盤となることなどが例として挙げられている。阪神・淡路大震災によって、防災・減災の土台は日頃の生活であること、また、ふだんの社会のありようであることを教えられたというのが、生活防災の重要な点でもある。

もうひとつの日常とのかかわりは、災害時にも「日常」を届けるという意味である。「いつものパーソナリティーの声が聞こえてほっとした」（［4］）というリスナーの声は、災害時においても精神のよりどころとなる「日常」をラジオが提供したということを指していると考えられる。

そこでラジオの災害放送と日常の放送の関連性を調べるため、民放ラジオ局を対象にアンケート調査を実施した（二〇二〇年）。これによって、災害放送の四パターン（防災放送、被害報道、安否放送、生活情報）以外にもラジオが担う災害放送があるのか探っていく。

2　調査の概要——日常、災害、新型コロナ感染症

調査では災害時を「非常時」とし「日常」と対比させた。「つねひごろ、ふだん」を示す「日常」の反対は「ふだんの生活とまったく異なること」つまり「非日常」であるが、観光や芸術、建築などの分野においてはしばしば、日常から解き放たれた時空間や行事など「ハレ」の場を意味することも多い。本章で意図するのはそうした「非日常」ではない。

「災害時」を「非常時」と表現するのは「非常食」が「災害時の食料」を意味することなどに準じている。また「非常時」には「国家的または国際的に重大な危機に面した時」という意味がある（[102]）。本章では二〇一九年一二月に中国で初めて報告され、世界的な大流行に至った新型コロナウイルス感染症（ＣＯＶＩＤ-19）による感染拡大も「非常時」ととらえ、新型コロナの感染拡大とその対策である外出自粛時にラジオがどのような放送をしたのかも調査した。日本では二〇二〇年二月、当時の総理大臣が全国すべての小中学校・高校などを臨時休校にするよう要請したほか、二か月後の

四月七日には東京や大阪など七都道府県に初めての緊急事態宣言が出された。二〇二三年五月八日に感染症法上の位置づけが季節性インフルエンザなどと同じ五類に移行するまで、新型コロナは社会・経済に多大な影響を及ぼした。調査当時はコロナ禍のただなかにあり、ラジオも企画変更などを余儀なくされたが、外出自粛呼びかけによってradikoでの二〇二〇年四月のラジオの聴取率は二〇％上がった。特に午前九時から午後六時の日中は四〇％の伸びを記録した（［103］）。

　調査対象は民放連に加盟する全ラジオ一〇〇社（二〇二〇年六月現在）である。[1] 調査は二〇二〇年六月四日に開始し、質問紙を郵送配布するかたちで行った。締め切りは六月末で郵送による回収とした。回答は一社一通とした。回答の一部は締め切りを過ぎ七月に入って返送されている。また質問紙を紛失したなどの社には同じ内容をメール添付で再送付し、メールによる回答を得た。回答内容で不明の項目はメールや電話による追加調査を行った。回答は五四通で回収率は五四・〇％である。なお調査対象のうち二社は調査期間中の六月末で閉局に至ったが、回答には閉局した一社も含んでいる。

　回答はＡＭ局がわずかにＦＭ局より多いものの、ほぼ同じ割合であった（表2）。またラジオに「報道」と名の付く部署のある・なしについても、直接問い合わせるなどして調べた。実際は制作の

（1）調査当時ラジオ社は一〇〇社、ラジオ局の数は一〇一であった。ＦＭ８０２が、ＦＭ８０２とＦＭＣＯＣＯＬＯの二波を運営しているためだが、災害放送においてこの二波でそれぞれ異なった対応をするとは考えにくいため、ＦＭ８０２（一社）への調査とした。

表2　調査対象の概要

（N＝100、カッコ内は回答した局　n＝54）

	民放連加盟	報道あり	ラジオ単営	ラテ兼営	県域	広域
AM	48(29)	8(8)	15(8)	33(21)	39(25)	9(4)
FM	52(25)	2(2)	52(25)	0(0)	49(24)	3(1)

部署に報道担当が存在するなど、必ずしも実態と一致していないラジオ局もあるが、報道部署が設置されている局はごくわずかしかない。またラジオ単営局とラジオ・テレビ兼営局についても各局のＨＰなどをもとに調べた。ラジオ単営局には、兼営局からラジオが分社するなどして、関連会社としてテレビが存在する局も含むが、ほとんどは自社テレビからの情報が期待できない。放送エリアについては原則、都道府県単位で放送免許を交付されてきた歴史があることから（［32］）ほとんどの局が県域（都道府県内）放送で、地域に根ざした放送を行っていることが推測できる。

　なお、開局した年代（［104］）については、民放ＡＭ局が開始した一九五一年を含め、回答したうちの四六・三％が民放の創成期である一九五四年までに開局している。ＦＭの開局は第2章第2節で触れたように一九六九年からである。

　同じラジオでもＡＭ局とＦＭ局では制作するコンテンツに違いがある。ＡＭ（振幅変調 Amplitude Modulation）とＦＭ（周波数変調 Frequency Modulation）は変調方式の違いによるもので、中波であるＡＭはＦＭに比べ、広範囲に電波が届くがノイズの影響を受けやすく音質は劣る。一方で超短波であるＦＭは、放送域はＡＭより狭いがノイズの影響を受けにくく高音質であるという特徴がある（［105］）。このことからトークや情報、スポーツ中継などが中心のＡＭに比べ、ＦＭでは音楽番組などの割合が高い。本章ではこうしたＡＭとＦＭの違いが非常時にも有意な差となって表れるのかについても検証する。

アンケートの設問は三一問で、制作人数や日常の放送で心がけていること、災害放送の経験の有無、災害情報のソースや災害時においてどこに向けてどんな放送をしようとしたかなどを選択方式（単一回答のほか、複数回答や五段階のレベルを選択する方式を含む）および自由記述で回答してもらっている。また新型コロナウイルス感染症に関連する放送についても回答を求めた。設問の全文は、巻末に「資料」として掲載している。

なお、民放連加盟ラジオ社の多くは「報道」と名の付く部署を持たない（表２）ため、自局エリアの災害についての特別な放送について、アンケートではあえて「災害報道」とせず、「災害放送」という用語を用いた。アンケートの前置きにも「「災害報道」はラジオの場合、取材だけではなく「被災者への励まし」など幅広い内容を含むため、設問では「災害放送」という表現も使用しています」と説明を加え、報道部署のない局が自局の放送を「報道部署がないから災害報道ではない」と除外することのないよう配慮した。

また民放連加盟のラジオ社のなかには、ラジオ・テレビ兼営局のため、厳密にはラジオが独立した会社組織ではない社も存在する。このためラジオ単営放送局とラジオ・テレビ兼営放送局のどちらをも意味する「ラジオ局」という表現を使用する。

3　集計結果――浮かび上がったラジオ特有の災害放送

番組制作の実情――少人数、正社員以外が中心

問１は局名を問うものであったためここには記述しない。回答者の職種（問２）についてはＡＭでは「制作」（四八・三％）、「編成」（二四・一％）の順に多く、ＦＭでは逆に「編成」（四四・〇％）、「制作」（二四・〇％）の順であった。年齢（問３）はＡＭが「五〇代」八六・二％、「四〇代」一三・八％で回答者にそれ以外の年代がなかったのに対し、ＦＭでは「五〇代」（六八・〇％）が最も多く「二〇代」（二二・〇％）がその次に多かった。また現在の職種での経験（問４）はともに「二〇年以上」が最も多く、ＡＭ三四・五％、ＦＭ四四・〇％であった。担当する番組（問５）ではＡＭが「報道・情報系」が最も多かった（七二・四％）のに対し、ＦＭでは「エンターテインメント系」が最も多く（五二・〇％）、「報道・情報系」は二八・〇％にとどまった。

また問６として番組制作にかかわる人数を「営業や技術を除く」という条件を付けて質問したところ、ＡＭ・ＦＭで大きな差はみられなかった。ともに最も多いのは「一〇人以下」（ＡＭ四一・四％、ＦＭ四四・〇％）で、次に多い「一一～二〇人」と合わせると、ＡＭの七二・四％、ＦＭの六四・〇％が二〇人以下で番組制作を行っている。最少は四人（ＦＭのみ二社）、最多は「二五〇～三〇〇人」（ＡＭのみ一社）であった。次に問７として、番組制作にかかわる局の正社員の割合を尋ねた。ラジオの

番組制作にかかわる業務は、リスナーのメールやハガキの仕分けなどの仕事から、選曲や番組構成にかかわる仕事など多岐にわたり、これらを正社員だけでなくアルバイトや制作会社への業務委託、個別契約といったさまざまな雇用形態の外部スタッフが受け持つのが一般的である。このため「正社員」の割合を聞くことでそれ以外の外部スタッフとの構成比を明らかにしようとした。その結果、正社員の割合は「二〜四割」が最も多く、ＡＭで三四・五％、ＦＭでは四〇・〇％で、「二割未満」と合わせるとＡＭで六二・一％、ＦＭで七二・〇％が正社員四割以下で番組を制作していた。異なる労働条件のスタッフが入り混じる状態では、災害放送が長期に及ぶ際、一丸となって取り組むことが困難になる可能性もある。問６と問７の項目からは「マスメディア」と位置づけられるラジオ局の大半が、実際はきわめて少ない人数で、しかも多くは正社員以外のスタッフの手により番組制作を行っている実態がわかった。

日常の放送、大切にしているのは「地域密着性」

一方、「問８」として、日常の番組制作でどのような点を大切にしているか、六つの選択肢のなかから順位をつけて三つ選んでもらった（図３）。一位として最も多く挙げられた点はＡＭ・ＦＭとも「地域密着性」であった。ただＡＭでは五一・七％と半数以上を占め、全体の八割近くの局が一位にこの「地域密着性」か「面白いコンテンツ（以下、面白さ）」（二七・六％）を選んでいた。これに対し、ＦＭでは「地域密着性」は最も多いものの二八・〇％にとどまり、「面白さ」を一位とした局も同じく

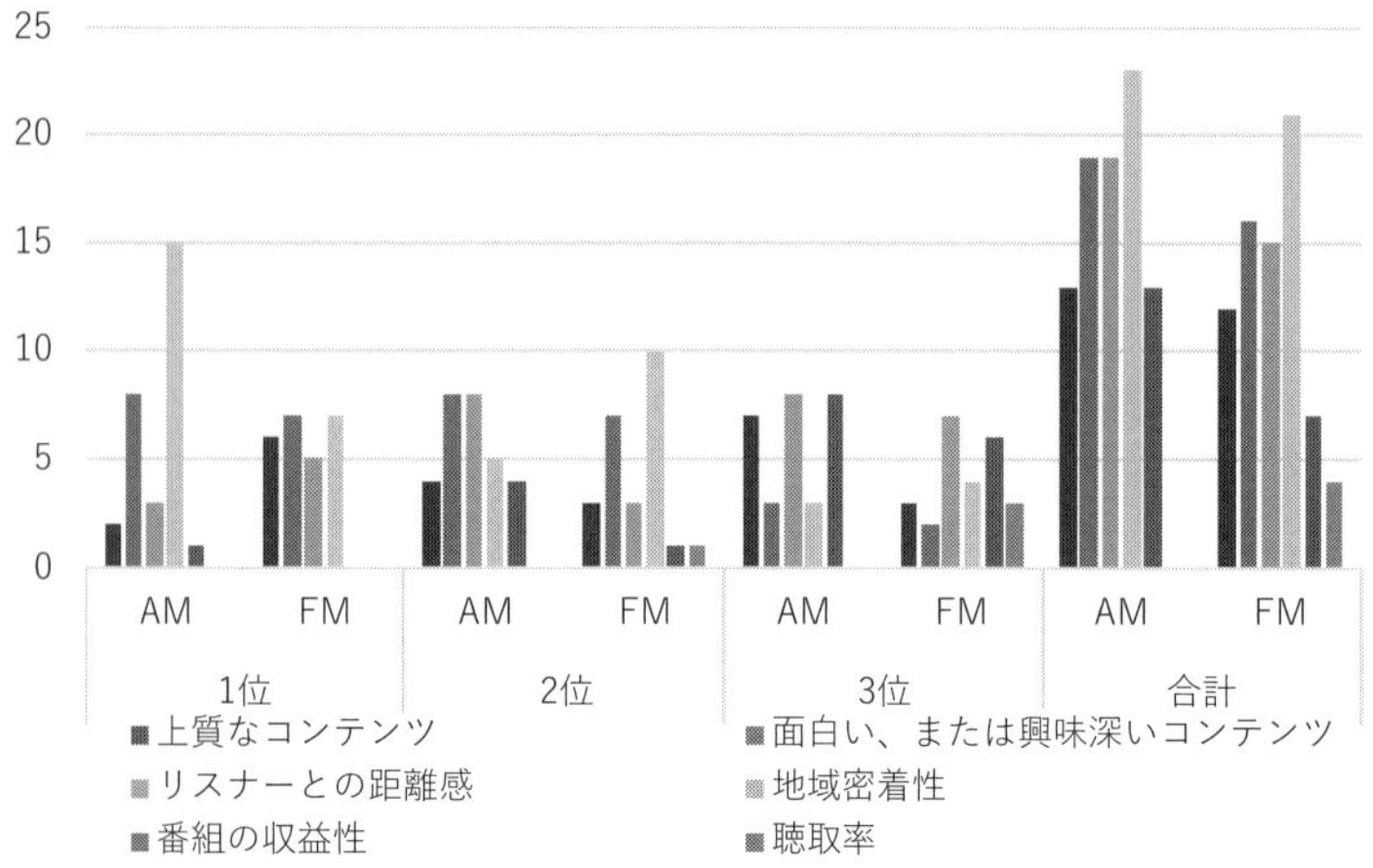

図３　日常の放送で大切にしている点

（n ＝54、AM ＝29、FM ＝25、１位から３位）

二八・〇％あった。ＦＭでは「上質なコンテンツ」を一位とした局も二四・〇％あり、「地域密着性」「面白さ」「上質なコンテンツ」がほぼ同じ割合で並んだ。このことから「地域密着性」を最も重視する点においてはＡＭの割合が高く、ＦＭでは「上質なコンテンツ」を重視する割合がＡＭより高いといえる。一方で日常で大切にしている点三位では、ＡＭでは「リスナーとの距離感」と「収益性」（ともに二七・六％）が最も多く、ＦＭでも「リスナーとの距離感」（二八・〇％）、「収益性」（二四・〇％）の順に多かったことから、ともに収益性も無視できないと考えていることもわかった。

「災害放送を経験」した局は八割以上

次に「問９」として自然災害に関する報道を行った経験があるかを尋ねた（「報道」はその災害の話題を取り上げたという広い意味であるとした）。これについての回答では「自分自身がかかわる番組で災害についての報道をした」がＡＭ・ＦＭともに最も多く、ＡＭで八六・二％、ＦＭで六八・〇％に上った。また「自分自身はかかわっていないが、自局が過去に災害について報道したことがあると聞いている」はＡＭで一三・八％、ＦＭで一六・〇％あり、これらを合わせるとＡＭではすべての局、ＦＭでも八割以上の局が放送エリアの災害についての災害放送をした経験があった。近年、毎年のように自然災害が起きているため、災害放送の経験が各地で蓄積されていることがうかがえる。ただ「自分自身も、局としても災害や災害について報道した経験はない」という回答がＦＭのみ一二・〇％あった。具体的な災害については東日本大震災が最も多く、阪神・淡路大震災や新潟県中越地震、熊本地震といった地震災害のほか、西日本豪雨など各地の豪雨災害、また近年の台風災害などが挙げられた。その際に「その災害において、ラジオとして取材をすることはできましたか」（問10）についてはＡＭとＦＭで有意な差がみられた（$p < 0.05$）。ともに「取材活動をした・直接出向いた」が最も多かったが、ＡＭでは六五・五％と半数以上だったのに対し、ＦＭでは二八・〇％にとどまった。「取材活動をした・電話取材のみ」はＡＭで一七・二％、ＦＭで二〇・〇％で、ＡＭでは合わせて八二・七％が直接あるいは電話による取材を行っていた。一方「取材活動をすることはできなかった」はＡＭではゼロであったが、ＦＭでは二四・〇％と「電話のみ」よりも多かった。

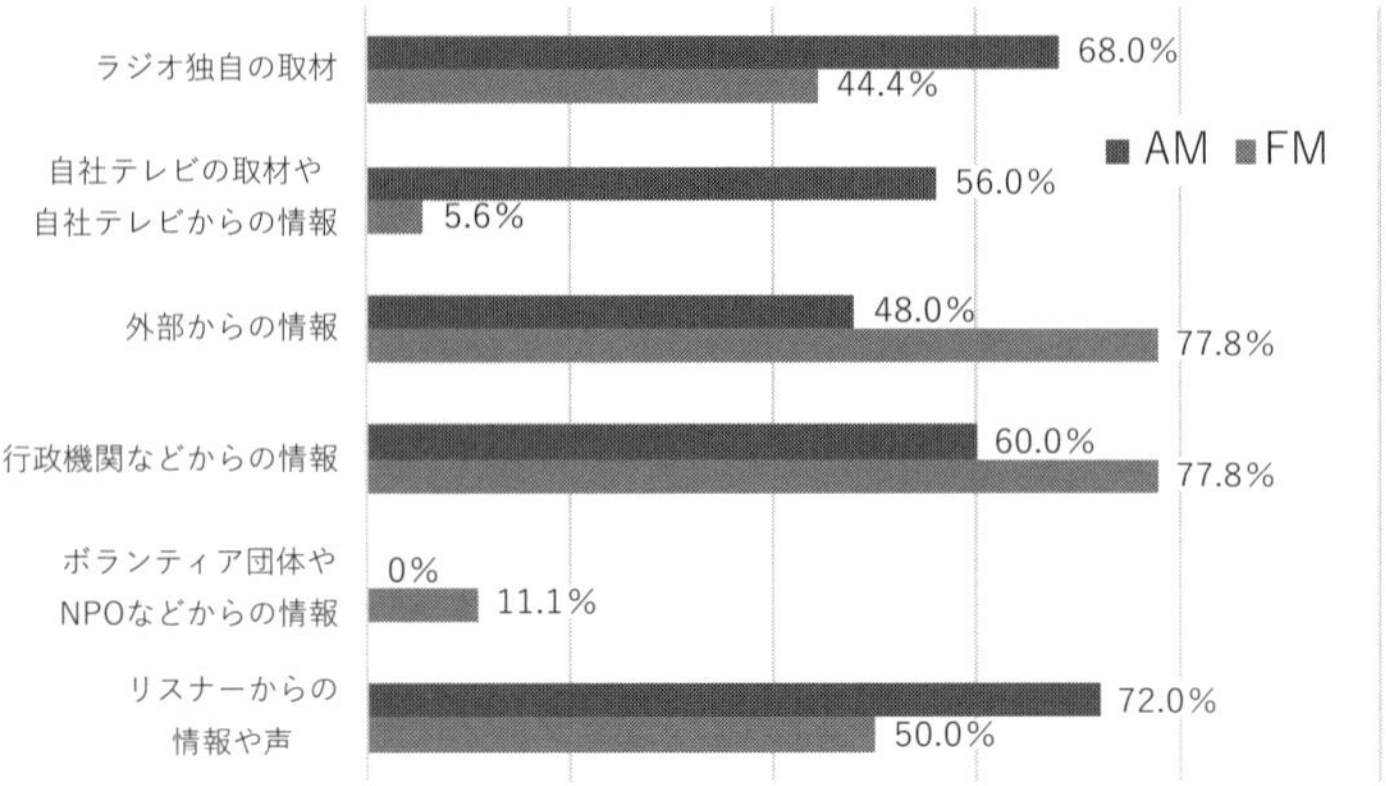

図４　災害時の情報ソース
（n＝43、AM＝25、FM＝18、複数回答）

災害時の情報、ＡＭは「リスナーと独自取材」、ＦＭは「行政機関など」

問11として災害時の情報ソース（三つまで選択）について質問したところ、ＡＭでは「リスナーからの情報」（七二・〇％）とラジオ独自の取材（六八・〇％）が多かった（図４）。これに対し、ＦＭでは「外部からの情報（通信社・新聞社など）」と「行政機関などからの情報」がともに七七・八％で最も多かった。ＦＭでは情報の多くを行政機関や契約している通信社に頼る現状がわかった。

また問12として災害時どのように番組を編成したか質問した（複数回答）。するとＡＭでは「特別番組を編成した」（九二・〇％）、「通常番組の枠を維持し、番組内で災害情報を伝えた」（六四・〇％）、「ニュース枠を拡大した」（四四・〇％）の順だったのに対し、ＦＭでは「通常番組の枠を維持」が七七・八％で最も多く、次いで「ニュース枠拡大」（六六・七％）、「特別番組」（五五・六

表３　災害時どこに向けてのどんな情報を重視したか

（n ＝42、AM ＝24、FM ＝18）

	被災地の被害状況や被災者の声を全国へ発信しようとした	被災地の外から被災地への激励、元気づけるメッセージを被災地に届けようとした	被災者相互のコミュニケーションの手助け、相互の励ましとなる情報を届けようとした	回答数
AM	6	4	14	24
	25.0%	16.7%	58.3%	
FM	3	7	8	18
	16.7%	38.9%	44.4%	
合計	9	11	22	42

％）の順であった。特別番組の編成には相応の情報量が必要であり、その点リスナー情報や独自取材を多く活用する傾向にあるＡＭにとっては編成しやすかったと考えられる。

「被災地の内に向けた発信」を重視

　次に問13として「災害情報を発信する際、どこに向けてのどんな情報を重視したか」を調べた（表3）。その結果、ＡＭ・ＦＭともに「被災者相互のコミュニケーションの手助け、励ましとなる情報を重視した」という、被災地の内に向けての情報発信を意味する回答が最も多かった。ただしＡＭでは五八・三％と六割近くだったのに対し、ＦＭでは半数以下の四四・四％にとどまった。二番目に多かったのはＡＭでは「被災地の被害状況や被災者の声を全国へ発信しようとした」（二五・〇％）で被災地の内から外への発信であったが、ＦＭでは「被災地の外から被災者への激励、元気づけるメッセージを被災地に届けようとした」（三八・九％）で被災地の外から内に向かう情報だった。これらを総合すると、ラジオ全体では被災地の内に向けての発信を最も重視しながらも、ＡＭは被災地の内から外に向けて被災地の声を発信することを、ＦＭでは被災地の内に向けて外からの応援メッセージを伝えることを、それぞれ意識していたことがわかる。

ラジオ特有の災害放送がある

さらに、問14で「ラジオ特有の災害放送ができたと感じた点はあったか」と尋ねると、災害放送の経験があるすべての局が「あった」と答えた。これに関連して具体例を挙げた三一局の回答を分析した。

最も多かった例（一二局）は被災者のニーズに応えるきめ細かい情報に関するものである。

「地域の情報、ライフラインの情報、被災者の声（困っていることなど）、安否情報を放送できた」（ＡＭ）

「避難所で不足しているものなど被災各所の生の声を伝えることができた」（ＡＭ）

などであった。情報提供はリスナーからも行われ、

「台風で停電に関する情報がリスナーから多く届いた。電力会社の発表が停止したときなどはリ

スナーからの地域ごとの停電情報を提供し掲示板的な役割を担った」（ＡＭ）

といった回答もみられた。

次に多かったのは、リスナーとの双方向コミュニケーションやリスナー同士のやりとりに関する内容（五局）である。具体例は以下のようなものである。

「声によるメッセージ、電話つなぎなど」（ＦＭ）

「ラジオへの投稿が被災者どうしお互いに励まし協力しあうツールとして利用され、まるで伝言板のような役割を果たした」（ＡＭ）

ほかには迅速性を示す内容（三局）もあり、なかにはこのような切迫した状況もあった。

「押し寄せる洪水で屋根に避難したリスナーがラジオ局に助けを求めてきた声が電波に乗って救出の一助になった」（ＡＭ）

一方で日常と変わらない放送や音楽に関する内容（二局）もあった。

「アンパンマンマーチ（原文ママ。正式名称はアンパンマンのマーチ[2]」などアニメソングを放送したことで子どもが喜んだというメッセージが届いた」（ＦＭ）

「ある程度日が経過したときに音楽や日常で接しているＤＪの声が聞こえることで少しでも不安な気持ちを和らげることができたのではないか」（ＦＭ）

これらについても、問18（災害放送に関する自由記述）で関連した回答がある。

「いつも聞いているＤＪの声がラジオから流れてくると安心する、ほっとするというメッセージが多かった」（ＦＭ）

「いつもの時間にいつもの人という、非日常の中の日常を提供できた」（ＡＭ）

「アニメの主題歌のリクエストが多く寄せられ、子どもの笑顔がみんなを明るくしてくれるという反響が印象に残っている」（ＦＭ）

このほかにも東日本大震災で「勇気１００％[3]」のリクエストに応じたという回答（ＦＭ）があった。これについて電話による追加調査を行ったところ、リスナーのメールを機に大々的にリクエスト曲をかける番組構成に切り替えた。床一面にリスナーからのメールの印刷とリクエストのＣＤをセットにしたものを敷き詰め、スタッフが次々にそのセットをスタジオに運んでは曲をかけた。この局では普段はかけない演歌まで流したという。

その一方で、こうした日常の放送や音楽については、被災者の状況を見極めながら時機を選んで発信すべきだと考えられていることもわかった。問20（災害時力を入れるべきことに関する自由記述）には「落ち着いたり安心できたりする話題や音楽はいわばラジオの真骨頂。いったん落ち着きをとりもどしつつある時の〝癒し〟の力を発揮できるのはラジオの強みである。時系列では少しあとではないか」（ＡＭ）とする回答があった。

次に「ラジオ特有の災害放送があった」とする局（結果的には災害放送経験がある局すべて）を対象に「そのとき災害放送で心がけたこと」（問15、三つまで選択）を尋ねた（表４）。

その結果「被災者に役立つ地域のきめ細かな支援情報やライフラインなどの情報を流した」が最も多く、ＡＭの九一・七％、ＦＭの六六・七％を占めた。これは災害放送の四パターンの「生活情報」にあたる。次に多かった回答はＡＭとＦＭで分かれ、ＡＭは「被災地でデマや不正確な情報が広がるのを防いだ」（五〇・〇％）、ＦＭでは「日常の放送に近い笑ったりほっとしたりできる放送をした」（四

（２）「アンパンマンのマーチ」はテレビアニメ「それいけ！アンパンマン」の主題歌（作詞：やなせたかし、作曲：三木たかし、歌：ドリーミング）である。

（３）「勇気１００％」はテレビアニメ「忍たま乱太郎」の主題歌（作詞：松井五郎、作曲：馬飼野康二、歌：光GENJI）である。

表4　災害放送で心がけたこと

（n ＝42、AM ＝24、FM ＝18、三つまで選択）

	全体	AM	FM
被災地でデマや不正確な情報が広がるのを防いだ	16	12	4
	38.1%	50.0%	22.2%
被災者に役立つ地域のきめ細やかな支援情報やライフラインの情報を流した	35	22	12
	83.3%	91.7%	66.7%
被災者の不安や困っていることを丁寧にくみ上げ一人ひとりのニーズに応えようとした	10	7	3
	23.8%	29.2%	16.7%
被災者やその関係者が被災地の状況を把握できるような放送を心がけた	11	7	4
	26.2%	29.2%	22.2%
被災者どうしの励ましや共感が得られるようなメッセージをできる限り放送した	15	8	7
	35.7%	33.3%	38.9%
日常の放送に近い形態で被災者が笑ったりほっとできる放送をした	15	6	8
	35.7%	25.0%	44.4%
被災地外から被災者への応援メッセージを伝えようとした	5	0	5
	11.9%	0.0%	27.8%
被災地外でも被害の状況を共有できるような情報を流した	7	4	3
	16.7%	16.7%	16.7%
被災地外からの応援に役立つ道路などの被害情報や復旧情報を流した	7	3	4
	16.7%	12.5%	22.2%
被災地に向けた支援を仰げるよう、被災地の声を全国に発信しようとした	4	3	0
	9.5%	12.5%	0.0%
その他	2	0	2
	4.8%	0.0%	11.1%
回答数	42	24	18

四・四％）であった。逆に少なかったのは、ＡＭでは「被災地外から被災者への応援メッセージを伝えようとした」がゼロ、ＦＭでは「被災地に向けた支援を仰げるよう被災地の声を全国に発信しようとした」がゼロであった。

すでに述べたように、一九六四年の新潟地震以降、テレビは被災地の外向けに被害の映像を、ラジオは被災地の内向けに地域の情報を放送する形態が確立した（［19］）が、調査結果からＡＭ・ＦＭともに「ラジオ特有の放送」として実施した内容に「生活情報」を最も多く挙げ、ラジオは被災地の中にいる被災者に向けて情報を届けることを強く意識していることがわかった。ただしその次に意識する点はＡＭとＦＭで違いがみられ、ＡＭはデマを防ぐこと、ＦＭは日常の放送に近い笑ったりほっとしたりできる放送であった。

なお全局に対し、問19として「災害時の放送で被害の状況以外に特に力を入れて発信すべき情報」を尋ねたところ（表５）、ＡＭとＦＭで最も差が開いたのが「災害以外の落ち着く話題や音楽」であった。「特に力を入れるべき」と「やや力を入れるべき」を合わせＦＭの八八・〇％が「力を入れるべき」と答えたのに対しＡＭでは六二・一％にとどまり、災害を経験していない局を含めても、ＦＭは「日常の安心や音楽」に力を入れる傾向が高いことがわかった。その他の項目で多かったのは「市町村ごとの情報」（ＡＭ九六・六％、ＦＭ一〇〇％）、「デマに惑わされない正確な情報」「都道府県レベルの情報」（ともにＡＭ九六・五％、ＦＭ一〇〇％）で、ここでも「デマ」を強く意識するとともに「国レベルの情報」よりも民放の放送エリアに根ざした地域の情報を重視する傾向がみられた。

表5　被害の状況以外に力を入れるべき情報

（n ＝54、AM ＝29、FM ＝25）

		あまり力を入れなくてよい	どちらともいえない	やや力を入れるべき	特に力を入れるべき
国レベルの支援情報や政府の動き	AM		9 31.0%	15 51.7%	5 17.2%
	FM	2 8.0%	8 32.0%	11 44.0%	4 16.0%
	小計	2 3.7%	17 31.5%	26 48.1%	9 16.7%
都道府県レベルの支援策や行政の情報	AM			11 37.9%	17 58.6%
	FM			14 56.0%	11 44.0%
	小計			25 46.3%	28 51.9%
市町村ごとの支援情報や避難所情報、ライフラインなどの情報	AM		1 3.4%	2 6.9%	26 89.7%
	FM			4 16.0%	21 84.0%
	小計		1 1.9%	6 11.1%	47 87.0%
町丁目単位のライフラインや交通の復旧情報	AM		5 17.2%	10 34.5%	14 48.3%
	FM		5 20.0%	13 52.0%	7 28.0%
	小計		10 18.5%	23 42.6%	21 38.9%
リスナーから寄せられる支援情報や復旧情報	AM		6 20.7%	10 34.5%	12 41.4%
	FM	1 4.0%	5 20.0%	10 40.0%	9 36.0%
	小計	1 1.9%	11 20.4%	20 37.0%	21 38.9%
デマに惑わされない正確な情報	AM		1 3.4%	1 3.4%	27 93.1%
	FM			4 16.0%	21 84.0%
	小計		1 1.9%	5 9.3%	48 88.9%
災害以外の、落ち着いたり安心できたりする話題や音楽	AM		11 37.9%	10 34.5%	8 27.6%
	FM	1 4.0%	2 8.0%	9 36.0%	13 52.0%
	小計	1 1.9%	13 24.1%	19 35.2%	21 38.9%

続いて、災害放送の経験がある局を対象に、災害時に発信する情報の向きと、実際に行った放送との関連性を調べるため、「災害時どこに向けてのどんな情報を重視したか」（問13）と「災害放送で心がけたこと」（問15）とのクロス集計を行った（表６）。

問13で被災地の内向け、すなわち「被災者相互のコミュニケーションの手助け、相互の励ましとなる情報を届けようとした」と答えた局では、ＡＭ・ＦＭとも、問15で②「被災者に役立つ地域のきめ細かな支援情報やライフラインの情報を流した」を選ぶ割合が最も高かった（ＡＭ五四・一％、ＦＭ三三・三％）。しかし続く回答では違いがみられ、ＡＭでは①「被災地でデマや不正確な情報が広がるのを防いだ」（二九・二％）、③「被災者の不安や困っていることを丁寧にくみ上げ一人ひとりのニーズに応えようとした」（二五・〇％）であった。これに対しＦＭでは⑤「被災者どうしの励ましや共感が得られるようなメッセージ」（二二・二％）⑥「日常の放送に近い形態で被災者が笑ったりほっとできる放送」（一六・七％）が多かった。

次に問13で、被災地の外から内に向けて「被災地の外から被災地への激励、元気づけるメッセージを被災地に届けようとした」と答えた局でも、問15で②「ライフラインの情報を流した」とする割合がＡＭ・ＦＭともに最も高かった（ＡＭ一六・七％、ＦＭ二七・八％）。ＡＭで次に多かったのは⑥「日常の放送に近い形態」（一二・五％）、①「デマを防いだ」（八・三％）だったが、ＦＭでは⑥「日常の放送に近い形態」と⑦「被災地外から被災者への応援メッセージを伝えようとした」がともに一六・七％だった。

表6　災害放送で心がけたことと重視した情報の関連性

（n＝42、AM＝24、FM＝18）

		被災地の被害状況や被災者の声を全国へ発信しようとした		被災地の外から被災地への激励、元気づけるメッセージを被災地に届けようとした		被災者相互のコミュニケーションの手助け、相互の励ましとなる情報を届けようとした		回答数	
		AM	FM	AM	FM	AM	FM	AM	FM
災害時の放送で心がけた点	①	3	1	2	1	7	2	12	4
		12.5%	5.6%	8.3%	5.6%	29.2%	11.1%	50.0%	22.2%
	②	5	1	4	5	13	6	22	12
		20.8%	5.6%	16.7%	27.8%	54.2%	33.3%	91.7%	66.7%
	③	1	1	0	2	6	0	7	3
		4.2%	5.6%	0.0%	11.1%	25.0%	0.0%	29.2%	16.7%
	④	2	1	0	1	5	2	7	4
		8.3%	5.6%	0.0%	5.6%	20.8%	11.1%	29.2%	22.2%
	⑤	2	0	1	3	5	4	8	7
		8.3%	0.0%	4.2%	16.7%	20.8%	22.2%	33.3%	38.9%
	⑥	0	3	3	2	3	3	6	8
		0.0%	16.7%	12.5%	11.1%	12.5%	16.7%	25.0%	44.4%
	⑦	0	1	0	3	0	1	0	5
		0.0%	5.6%	0.0%	16.7%	0.0%	5.6%	0.0%	27.8%
	⑧	3	2	0	0	1	1	4	3
		12.5%	11.1%	0.0%	0.0%	4.2%	5.6%	16.7%	16.7%
	⑨	1	1	2	2	0	1	3	4
		4.2%	5.6%	8.3%	11.1%	0.0%	5.6%	12.5%	22.2%
	⑩	1	0	0	0	2	0	3	0
		4.2%	0.0%	0.0%	0.0%	8.3%	0.0%	12.5%	0.0%
	⑪	0	1	0	1	0	0	0	2
		0.0%	5.6%	0.0%	5.6%	0.0%	0.0%	0.0%	11.1%
回答数		6	3	4	7	14	8	24	18
		25.0%	16.7%	16.7%	38.9%	58.3%	44.4%	100%	100%

①被災地でデマや不正確な情報が広がるのを防いだ　②被災者に役立つ地域のきめ細やかな支援情報やライフラインの情報を流した　③被災者の不安や困っていることを丁寧にくみ上げ一人ひとりのニーズに応えようとした　④被災者やその関係者が被災地の状況を把握できるような放送を心がけた　⑤被災者どうしの励ましや共感が得られるようなメッセージをできる限り放送した　⑥日常の放送に近い形態で被災者が笑ったりほっとできる放送をした　⑦被災地外から被災者への応援メッセージを伝えようとした　⑧被災地外でも被害の状況を共有できるような情報を流した　⑨被災地外からの応援に役立つ道路などの被害情報や復旧情報を流した　⑩被災地に向けた支援を仰げるよう、被災地の声を全国に発信しようとした　⑪その他

また問13で、被災地から外に向けて「被災地の被害状況や被災者の声を全国へ発信しようとした」と答えた局では、ＡＭでは問15で②「ライフライン情報」を流した局が最も多かった（二〇・八％）のに対し、ＦＭでは⑥「日常の放送に近い形態」が最も多かった（一六・七％）。続いて多かったのはＡＭ・ＦＭとも⑧「被災地外でも被害の状況を共有」（ＡＭ一二・五％、ＦＭ一一・一％）だったが、ＡＭでは①「デマを防いだ」も同じ一二・五％に上っていた。

双方向の放送が災害時に力を発揮

次に、災害放送と日常の放送の関連性について整理する。問16として「日常の放送で行っていたことで災害放送に生かされた点があったか」を尋ねると、「あった」と回答した局が大半であった（ＡＭ九二・〇％、ＦＭ八三・三％）。「なかった」としたＡＭ二局とＦＭ三局のなかには「県と連携して情報がもらえることになっていたが実際に災害が起きるともらえなかったりした」（ＦＭ）という回答があった。一方「日常の放送で生かされた点があった」と回答した局に、問17として「具体的な点（複数回答）」を尋ねた。最も多かったのが「双方向の放送に力を入れていたことでリスナーから情報が数多く寄せられた」（ＡＭ八二・六％、ＦＭ六六・七％）であった。次に多かったのは「専門家とコミュニケーションをとっていたことで正確な情報を流すことができた」（ＡＭ四三・五％、ＦＭ五三・三％）、「災害マニュアルの整備もしくは災害訓練の実施でスタッフが適切に動くことができた」（ＡＭ三四・八％、ＦＭ四六・七％）で、逆に少なかったのは「災害時を想定した技術を構築していたことで支障な

表7　災害放送と日常の放送の関連性

（n ＝38、複数回答）

	上質なコンテンツ	面白い、または興味深いコンテンツ	リスナーとの距離感	地域密着性	番組の収益性	回答数
双方向の放送に力を入れていたことでリスナーから情報が数多く寄せられた	16	15	21	22	11	29
	55.2%	51.7%	72.4%	75.9%	37.9%	
専門家とコミュニケーションをとっていたことで正確な情報を流すことができた	9	10	14	14	6	18
	50.0%	55.6%	77.8%	77.8%	33.3%	
災害マニュアルの整備、もしくは災害訓練の実施でスタッフが適切に動くことができた	6	8	10	13	7	15
	40.0%	53.3%	66.7%	86.7%	46.7%	
災害時を想定した技術を構築していたことで支障なく放送が継続できた	3	2	5	4	1	5
	60.0%	40.0%	100.0%	80.0%	20.0%	
その他	2	4	4	3	1	5
	40.0%	80.0%	80.0%	60.0%	20.0%	
回答数	20	21	28	29	12	38

く放送が継続できた」で、AM一三・〇%、FM一三・三%にとどまった。

この問17（災害時に日常の放送で生かされた点）について、日常の放送で大切にしている点（問8、一位から三位までを回答）との関連性をAM・FMを総合して調べると（表7）、上記に挙げた問17のすべての項目において、日常に「リスナーとの距離感」と「地域密着性」を大切にしている局が、それ以外の点（上質なコンテンツ、面白さ、収益性）を大切にしている局よりも「災害時に生かされた」とする割合が高かった。災害放送継続のためには災害マニュアルの整備や訓練、技術の構築だけでなく、普段からリスナーとの距離感や地域密着性を大切にすることで、災害時に被災者が求めるニーズに応え情報を発信するという目的が生まれることが重要だといえる。

報道部署がある局は取材と被災地外への発信が可能

次にAM・FM別ではなく、報道部署の有無から放送内容を検討した。第2節で述べた通り、組織名に「報道」がなくても事実上、報道担当が存在する可能性もあるが、ここでは組織としてラジオに「報道」と名の付く部署が存在するラジオ局を「報道部署あり」（五四局中一〇局）として分析した。

日常で大切にしている点（問8）では、報道部署の有無にかかわらず、一位に挙げる要素は「地域密着性」（「報道あり」局の六〇・〇%「報道なし」局の三六・四%）、「面白さ」（「報道あり」局の三〇・〇%「報道なし」局の二七・三%）の順であった。しかし二位に挙げる要素では違いがみられ、「報道なし」局が「地域密着性」（三一・八%）、「面白さ」（二七・三%）としたのに対し、「報道あり」局では「面白さ」（三〇・〇％）、「距離感」「収益性」（ともに二〇・〇％）が上位を占め、「地域密着性」は一〇・〇％にとどまった。

また、放送エリアでの災害放送を行った際ラジオとしての取材ができたか（問10）については、「報道あり」局で「直接取材した」が八七・五％に上り、「電話取材のみ」がゼロだったのに対し、「報道なし」局では「直接取材」は五五・九％にとどまり「電話取材のみ」が二九・四％あった。ただし「取材活動はできなかった」が「報道あり」局で一二・五％、「報道なし」局は一四・七％でともに一定程度存在した。

災害時の主な情報ソース（問11）では、「ラジオ独自の取材」が「報道あり」局で八七・五％と大半に上り、「報道なし」局の五一・四％と比較して三六・一ポイントの差がみられた。また「自社テレビの取材や自社テレビからの情報」を主要なソースとした局は「報道あり」局ではゼロだったが「報道なし」局では四二・九％あった。「リスナーからの情報や声」と回答したのは「報道なし」局の六五・七％に上ったが、「報道あり」局では五〇・〇％にとどまった。

さらに「災害時、情報を発信する際どこに向けてのどんな放送を重視したか」（問13）では「報道なし」局の五二・九％が「被災者相互のコミュニケーションの手助け、相互の励ましとなる情報」と回答し、次いで多かったのが「被災地の外から被災地への激励、元気づけるメッセージ」（三一・四％）であった。これに対し「報道あり」局では「被災地の外から被災地への激励」と回答した局はゼロで、「被災者相互のコミュニケーションの手助け」と「被災地の被害状況や被災者の声を全国へ発信しようとした」がともに五〇・〇％であった。これらの結果から、報道部署があるラジオ局では災害時の直接取材やラジオ独自の取材が可能であることがわかった。また被災地の内に向けて被災者に必要な情報を発信するだけでなく、同じくらい外に向けて被害状況を発信しようとする傾向があることもわかった。

災害放送、六割以上が「不安」

最後に、災害に備えた態勢について調べた。問22「災害時の放送について十分対応できると考えていますか」に対して「十分な災害放送には不安がある」と答えた局はＡＭ六五・五％、ＦＭ六二・五％でともに六割以上であった。不安の内容（複数回答）は「人員の不足」（ＡＭ九四・七％、ＦＭ八〇・〇％）が大半で、次に「災害対応の経験不足」（ＡＭ七三・七％、ＦＭ六〇・〇％）の順であった。第2節で述べたように、ＡＭの七二・四％、ＦＭの六四・〇％が二〇人以下の少人数で番組制作にあたっており、ラジオに報道と名の付く部署が存在しない局が大半であることから、予想された結果ともいえる。そこでＡＭ・ＦＭに関係なく制作人数（問6）と「災害時の情報ソース」（問11）の関連性を調べた（表8）。すると規模が一〇人以下の局では「行政情報」と「リスナーからの情報」を災害時のソースとする局が多く、三〇人以下の局では「独自取材」と「リスナーからの情報」が多かった。

制作人数一〇人以下のラジオ局からは、問18（災害放送に関する自由記述）への回答として次のような反省と悩みが寄せられた。

表8　制作人数と災害時の情報ソース

（n ＝43、複数回答）

		ラジオ独自の取材	自社テレビの取材や自社テレビからの情報	外部からの情報	行政機関などからの情報	ボランティア団体やNPOなどからの情報	リスナーからの情報や声	回答数
制作人数階級別	～10人	9	8	11	18	2	13	21
		42.9%	38.1%	52.4%	85.7%	9.5%	61.9%	
	～20人	8	4	5	5	0	6	9
		88.9%	44.4%	55.6%	55.6%	0.0%	66.7%	
	～30人	5	1	4	3	0	5	6
		83.3%	16.7%	66.7%	50.0%	0.0%	83.3%	
	～50人	1	0	1	1	0	0	1
		100%	0%	100%	100%	0%	0%	
	～100人	1	1	4	2	0	3	5
		20.0%	20.0%	80.0%	40.0%	0.0%	60.0%	
	201人～	1	1	1	0	0	0	1
		100%	100%	100%	0%	0%	0%	
	回答数	25	15	26	29	2	27	43

「避難に関する呼びかけが十分だったのか、足りなかったのではないか、情報量、放送時間が足りなかったと反省している」（AM、台風に関して）

「常にラジオは即時的な情報が求められることで初動が遅いとリスナーから苦情が出る」（AM、水害に関して）

一方で、少ない人数でも情報の不足を補う手段があることを示す回答もあった。

「日ごろから自治体との顔の見える関係づくりを進めたこ

とで災害時もスムーズに情報を引き出せた」（ＡＭ）

「２００７年能登半島地震の際、欲しい情報がなかなか入ってこない中で日常の放送でリポートをしていた一般の人たちが被害情報をラジオ局に伝えてきたことに助けられた」（ＡＭ）

このうち、四つめの能登半島地震に関しては、日頃からラジオのお天気リポーターとして出演していた民宿経営者や商店主など延べ一〇人が現地の状況をリポートしたという。なかでも石川県輪島市の旅館経営者が数十メートルに及ぶ道路の陥没に遭遇したというリポートによって、被害が大きかったにもかかわらずまだ報道されていなかった輪島に中継車を向かわせる判断ができ、最も被害が大きかった輪島市門前町からの中継につながったということだった。

それ以外の局の自由記述（問25、災害時の心がけについて）でも、以下の回答を含め四局から日常のネットワーク構築の必要性が指摘されていた。

「日常的に出演してもらえる人を各地でいかに捕まえておくかが重要」（ＡＭ）

「エリア内の各界各層と日ごろから顔の見える関係をつくることで取材源を整える」（ＡＭ）

大規模災害に共通した災害放送の問題点として「災害情報のドーナツ化現象」が指摘されている。被害が少ない地域の情報は入手しやすいが、激甚被災地では行政や防災機関の対応が遅れ、被害状況がなかなか把握できないことに起因するもので、「ドーナツのように被災地の中心の情報は、とくに災害初期にあっては、ぽっかり空白になる」現象からこの名がつけられている（［106］四三頁）。アンケート結果からは、この「ドーナツの穴」を埋めるひとつの手段が、信頼できる地域のネットワークであることが示された。

誤報への対応をどうするか

一般の人々から寄せられる情報を災害時に活用する際、懸念されることとしてデマや誤った情報がある。表5でも示したように問19「自然災害において被害の状況以外にラジオが特に力を入れて発信すべき情報」に対して「デマに惑わされない正確な情報」に「特に力を入れるべき」とした局はAMの九三・一％、FMの八四・〇％に上った。しかしその一方で実際の経験として「リスナーからの情報提供を受けたが裏どりをしたら事実ではないことがわかった」（FM）という回答もあった。情報が混乱する災害直後は、善意の情報提供に誤報が含まれる可能性も皆無ではない。これについては反対に「ラジオの防災報道は正確な情報を送り出すのは当然だが、途中経過でも構わず放送を送り出す勇気が必要で、避難に関する情報ならばラジオはオオカミ少年でもかまわない。すぐに訂正を出せばよい」（AM）という回答もあった。これらを考え合わせると、災害時には誤報をすぐに訂正する柔軟性が求められるとともに、誤報のリスクをできるだけ下げる努力も必要だといえる。たとえば第1章・第2章でも述べた廣井脩が例に挙げている「防災情報モニター」（［18］）などもそのひとつである。民放のスポンサーのほか、タクシー運転手や理髪店といった地域に精通し信頼できる人たちのネットワークをあらかじめ作っておく方法だ。ただこうしたネットワークを新たに日常的に維持していくのは制作者らにとって負担となるため、それを日常の番組コンテンツとして活用する工夫が求められる。

一方でアンケートには「大震災の特番内で放送もツイートもしない情報があった。給油に関するものでパニックとデマが横行していたため」（ＡＭ）とする回答もあった。リスナーからの情報にラジオ側の判断という「編集」を加える点は、ラジオが信頼されるための重要な要素だといえる。

ただ災害時の判断には経験や日ごろの訓練、マニュアルの整備も必要である。本章でも述べたように災害時の放送についての不安（問23、複数回答）ではＡＭの七三・七％、ＦＭの六〇・〇％が「経験不足」を挙げていた。自由記述では以下のような回答が寄せられている。

「災害のたびに想定外のことが多々発生することを実感している。日々のマニュアル整備とともにとっさの判断の必要性も感じている」（ＦＭ、問18、災害放送に関して）

「普段の訓練が重要」（ＦＭ、問25、災害時の心がけに関して）

「常に備えよの心構えが大切」（ＦＭ、問25、災害時の心がけに関して）

「報道経験者０人でできることを開拓する必要がある」（ＡＭ、問31、ラジオのあり方に関して）

新型コロナ感染拡大と放送

調査では、新型コロナの感染拡大を災害と同様「非常時」ととらえ、この影響についても尋ねた。新型コロナについての話題をどのように取り上げているか（問27、複数回答）については「リスナーの声や悩みを随所で紹介している」が最も多く、内訳はＡＭが七九・三％、ＦＭ五六・〇％でＡＭのほうが二三ポイント以上高かった。具体的に心がけている点（問28）についても「リスナーからの声を拾い上げ、地域や一人ひとりの状況を把握して具体的に伝える」という回答がＡＭで五一・七％、ＦＭで三六・〇％あり、新型コロナの話題においてもＡＭはリスナーの声を重視していることがわかった。なかには「卒業式ができない学校があり、担任教諭に電話出演してもらいラジオ卒業式を放送した」（ＡＭ、問30、ＣＯＶＩＤ-19に関する自由記述）という回答もあった。一方で「リクエストに応じて気持ちが安らぐような音楽や娯楽の要素がある内容を放送する」と回答した局はＡＭ三七・九％、ＦＭ七六・〇％とＦＭのほうが三八ポイント以上高く、ＦＭでは新型コロナにおいても「日常の安心や安らぎを届けること」が役割だと認識していることがわかった。

自由記述には以下のような回答があり、新型コロナをめぐる構図が自然災害発生時と類似していることを示している。

「あらゆるメディアでこの話題ばかりになり、それに疲れたり不安な方々も多く、あえて音楽のみで普段通りの放送を実行した」（ＦＭ、問27、ＣＯＶＩＤ-19の取り上げ方に関して「その他」の回

答）

「テレビが新型コロナウイルス報道ばかりなので、ラジオはポジティブな曲、情報を心がけた方がよい」（ＦＭ、問30、ＣＯＶＩＤ-19に関する自由記述）

「今回のコロナ禍に限らず、災害が発生するたびにリスナーから「テレビはニュースばかりで、気が休まらない。ラジオのトークと音楽が落ち着く」という投稿が多く寄せられる。必要最低限の情報と、飾らないトークと音楽をバランスよく届けていくことが大事ではないか」（ＦＭ、問31、ラジオのあり方に関して）

以上をまとめると、新型コロナ感染拡大においても、テレビが感染者の数や病床の映像などを中心に報道していたのに対し、ラジオは、ＡＭでは主に一人ひとりの悩みに寄り添い、ＦＭでは主に日常の安心を届けようとしていたことが、回答からわかった。

ところで、アンケートで特徴的だったのは、感染による差別やバッシングを広げないような配慮である。

「感染者ならびに濃厚接触者、居住地、会社、学校などへのバッシングが特にＳＮＳでみられた。公共の電波では誹謗中傷などのメールなどには特に気をつけている」（ＦＭ、問30、ＣＯＶＩＤ-19に関する自由記述）

「偏見・誤解を持たないこと、医療従事者・エッセンシャルワーカーへの感謝をスポットで呼びかけている」（FM、問28、COVID-19で心がけている点）

「世代間、地域間での対立を生まない表現への配慮をしている」（FM、問30、COVID-19に関する自由記述）

といった回答があった。

第2節で述べたように外出自粛期間中の二〇二〇年四月、radikoでの聴取率が増加したが（[103]）、これはリスナーに寄り添い日常の安心を届け、対立を生まないよう配慮するラジオの姿勢が受け入れられた結果とも考えられる。ラジオ受信機での聴取率調査は地域によって回数や時期が異なり、新型コロナ影響下での聴取率については統一したデータがないが、自由記述では、実際に「リスナーが増えた実感」を書いた局が七局あった。次のようなものである。

「外出自粛期間、明らかにリスナーが増加したと感じた」（FM、問30、COVID-19に関する自由記述）

「4月、5月のradiko接続回数が1・3倍から1・5倍に増えた」（AM、問30、COVID-19に関する自由記述）

「今回のコロナ禍でラジオの重要性や役割、ニーズが再確認されたと思う」（AM、問31、ラジオ

のあり方に関して）
一方、「一過性ではなくラジオを新しい生活様式の中に取り入れてもらうには今が肝心」（ＦＭ、問31、ラジオのあり方に関して）といった回答もみられ、新規リスナー定着化のため、いっそうの努力が必要だとする記述も目立った。

調査では、すべての局が新型コロナ感染拡大によって何らかの影響を受けていたこともわかった（問26、番組への影響について、複数回答）。なかでも多かったのは「パーソナリティーなどがスタジオ出演できなくなった」（ＡＭ八九・七％、ＦＭ八三・三％）、「取材やロケに出られないことで番組の変更・休止を迫られた」（ＡＭ六九・〇％、ＦＭ七〇・八％）であった。さらに「番組提供が打ち切られたことで番組の変更・休止を迫られた」はＦＭで六二・五％に上り（ＡＭでは二四・一％）、新型コロナがもたらす経済的影響が、ＦＭのスポンサーを直撃したことが推測された。自由記述では「民放という立場で思うように収益を上げられない。特にコロナでは国全体の経済活動のダウンを余儀なくされ、その影響は大きい」（ＦＭ、問31、ラジオのあり方に関して）という回答が寄せられ、経済的影響を直接受けている実態も明らかになった。

新型コロナという新たなリスクに対しての戸惑いもみられた。「番組制作上困っていること」（問29、複数回答）では「自然災害と異なり経験のない事態であるため、放送内容や局内の感染対策について判断できないことが多い」（ＡＭ四四・八％、ＦＭ五〇・〇％）、「感染がいつおさまるのか、先が見えないためいつまでどの程度取り上げればよいのかなど計画が立てられない」（AM四四・八％、FM三三・三％）という回答が多く、経験のないリスクに判断や見通しが立たない状況がわかった。自由記述では「何が正しく、間違いなのか、いまだにわからない」（AM、問30、COVID-19に関して）という回答もあり、状況が刻々と変化するなかで放送に苦悩する姿もみられた。また感染に対する意識の差を指摘する回答も多かった。

「感染者が非常に少ない地域なので感染者の多い地域との温度差を感じながら放送した」（AM、問30、COVID-19に関して）

「地震などの災害と違い、番組スタッフ・リスナーそれぞれの恐怖心、受け止め方がまちまち。どこに合わせて喋ったらいいかとても難しい」（AM、問30、COVID-19に関して）

「パーソナリティーの意識の差で注意喚起のトーンに差があった」（AM、問30、COVID-19に関して）

これらは、目に見えて被災状況がわかる自然災害とは異なり、被害の実態が目に見えない感染症のリスクを放送しなければならない難しさを示している。

4　まとめ――「共感放送」の発見

本章ではラジオが非常時に果たす機能と日常の放送との関連性について、民放全ラジオ一〇〇社（二〇二〇年六月現在）にアンケート調査を実施した。その結果、以下のことがわかった。

（1）ラジオ特有の災害放送を行った具体的内容として、地域のきめ細かな支援情報やライフラインの情報を挙げた局がＡＭの九二・〇％、ＦＭの七〇・六％を占め、大半のラジオ局が被災地の内向けに被災者に求められる情報を発信しようとしていた。ただしライフライン情報の次に多かった内容は、ＡＭがデマ防止、ＦＭが日常に近い安心できる放送で、それぞれの特徴が表れた。

（2）災害時の放送は日常の放送とも関連していた。「地域密着性」をより重視し、日常のトーク番組などで双方向を取り入れることが多いＡＭでは、災害時に日常の放送が生かされた点として「双方向の放送に力を入れていたことでリスナーから情報が数多く寄せられた」とする局が八二・六％に上った。それに対して日常の放送で「上質なコンテンツ」を重視する傾向が高く音楽番組が多いＦＭでは、災害時に力を入れるべき情報について「災害以外の、落ち着いたり安心できたりする話題や音楽」とする局が八七・五％に上り、日常性が災害放送に生かされた点においてもそれぞれの特徴が表れた。

（3）災害時と同じく「非常時」である新型コロナの感染拡大についての伝え方も、日常の放送と

図5　「共感放送」のイメージ

の関連性がみられた。ＡＭでは「リスナーの声や悩みを随所で紹介している」という局が七九・三％あり、一方でＦＭでは「日常の安心や安らぎを届けるため音楽などを放送している」という局が七六・〇％に上った。新型コロナに関してもＡＭはリスナーの声、ＦＭは日常の安心や音楽を重視する傾向が高いことがわかった。

次に、これらの結果を踏まえて考察すると、ラジオの持つ特性は地域やリスナーに密着し交流する点にあり、これが災害放送にも役立っていると考えられる。またその特性の表れ方はＡＭとＦＭで違いがみられ、ＡＭではリスナーの声を拾い上げ交流し、ＦＭでは音楽や日常の話題などで安心を提供することにより、それぞれがリスナーに近づこうとしていた。災害放送では従来から四パターン（防災放送、被害報道、安否放送、生活情報）が存在することが知られている（[18]）が、ラジオの特性にあるこの密着性や交流性はこの四パターンに必ずしも当てはめることができない。従来の四パターンが被災地の外や内に向けて何らかの有用性がある情報なのに対し、ここで述べた密着性や交流性を示す放送は必ずしも何かの役に立つことを目指しているわけではない。そこでこのようなラジオの放送を図5のようなイメージの「共感放送」と呼ぶことにする。リスナーの置かれた状況に寄り添い、共感することでラジオが励ましや音楽などを提供することを「共感放送」とし、災害放送の第五のパターンとして位置づけたい。今後の災害においても、この「共感放送」を含めＡＭ、ＦＭそれぞれの特徴を生かした災害放送をすることが重要だと考えられる。ただしこのような「共感放送」がリスナーに受け入れられるためには、ラジオ局が非常時だけでなく日常の放送において減災コミュニケーションを促進し、リスナーや地域との関係構築を進めることが重要である。従来の災害放送を提供する公共的な役割を果たしたうえで、「共感放送」は今後もラジオであるからこそ担える重要な役割となる可能性がある。

おしまいに、このように公共的な役割を担うラジオであるが、民間放送としての経営を成り立たせながら災害放送を担う苦労について、調査では多くのラジオ局が言及していた。コロナ禍を経た現在はさらにラジオ局の体力が弱っていることも想像に難くない。リスナーや被災者に寄り添うラジオの役割を今後も果たすためにも、ラジオの経営や媒体としてのあり方についての検討は必要である。

第4章　「共感放送」の実例

二〇一六年熊本地震　ＲＫＫラジオへのメール

第3章の分析から「共感放送」とはリスナーの置かれた状況に寄り添い、共感することでラジオが励ましや音楽などを提供することであり、日常の放送が根底にあることがわかった。共感放送はラジオの減災コミュニケーションのひとつのかたちということができ、従来の災害放送の四パターン（防災放送、被害報道、安否放送、生活情報）のように「役に立つこと」を目的に発信される「情報」ではないため、従来の四パターンとは別に、災害放送の第五のパターンとして「共感放送」を位置づけることを提唱した。ただし、第3章ではラジオの制作者側が意図した災害放送が「共感放送」であったことが示されたのみで、放送の受け手であるリスナーの立場からの分析とはなっていない。そこで本章では、リスナーにとっても「共感放送」が行われていたといえるのかを検証することにする。

1　なぜリスナーのメールに着目するのか

災害時のリスナーの声は、阪神・淡路大震災当時のラジオ放送の詳細な記録（たとえば[76][77]）によって、どのように生かされていたのかを知ることができる。また豪雨災害においてリスナーがラジオにどのような声を寄せ、パーソナリティーが向き合ったかについては、ラジオ制作者による振り返りなどがある（たとえば[107]）。しかし第3章で確かめられたように、特にＡＭではリスナーからの声を取り上げることを中心に災害放送が展開されているにもかかわらず、リスナーの声に着目し詳細な分析を行った研究はまだみられない。そこで本章では、災害放送の重要な構成要素でもあるリスナーの声について、リスナーからのメールを手がかりに分析することとした。

調査対象は、熊本地震（二〇一六年）発生時、ＲＫＫ熊本放送ラジオ（以下、ＲＫＫラジオ）に寄せられたリスナーからのメールである。熊本放送（以下、ＲＫＫ）は民放連に加盟するラジオ・テレビ兼営局で、ＲＫＫラジオは熊本県域を放送エリアとするＡＭ局である。熊本地震当時の担当者・Ｈ氏によれば日常のリスナーは農家が多く、農業用ハウスの中でラジオを聴きながら作業をするリスナーもいるとのことである。本章では、地震特別番組を放送した二〇一六年四月一五日から一七日までの三日間にリスナーから寄せられたメールのうち、ＲＫＫラジオに保管されていた四三四通を調査対象とした。また同じ期間に寄せられたＦＡＸ、電話の受付メモも参照することにした。これらの資

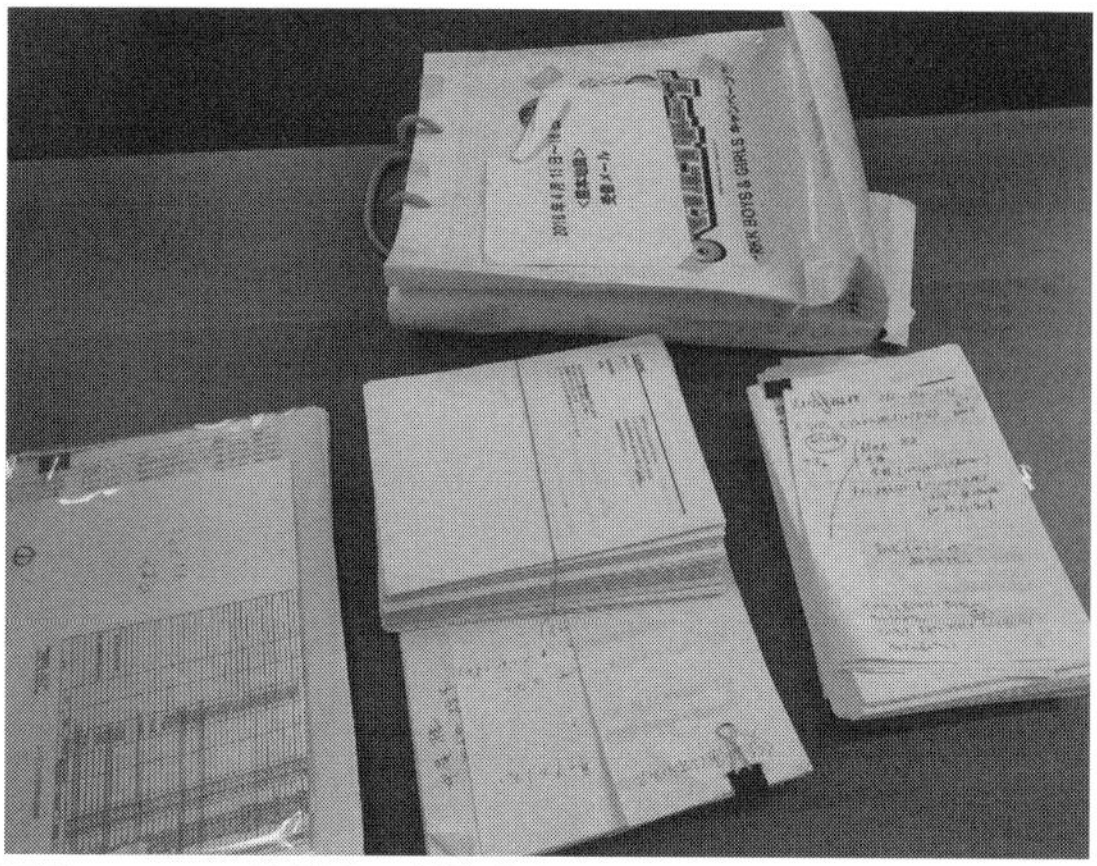

写真11　RKK ラジオに保管されていたリスナーからのメール
（提供：RKK ラジオ）

料はＲＫＫラジオの担当者から学術目的で利用することと、差出人の個人情報が特定されないことを条件に提供された。メールは一件ずつＡ４用紙に印刷された状態で手提げ袋一袋にまとめられていた（写真11）。またＦＡＸのコピーや手書きメモもすべて紙の状態で同じ袋にまとめられていた。それらはほぼ日付順に並べられていたが、当時の混乱によって紛失したものもあるかもしれないとのことであり、ＦＡＸやメモは日時不明のものもあった。また同じメールが複数コピーされているものもあったが、受信日時およびスタッフが加筆した情報とその筆跡が一致する同一人物からのメールは「重複」と判断した。一方で、同一人物が同じ内容を時間を空けて複数送っているものもあったが、それらは意図して何度も送られたと判断し、別々に数えることにした。なお、本文中に示すメールは個人情報に配慮して全文を引用することを避け、差出人の住所が表記されている場合も都道府県までの記載にとどめた。メール本文に記載された避難所などの地名も可能な限り伏せている。

さらに、メールが実際の放送でどのように活用されたかを知る補助材料として、担当者から学術目的で利用することを条件に提供された特別番組の放送音声も用いることにする。地震特別番組は、いわゆる「前震」（四月一四日午後九時二六分マグニチュード６・５）のあと、日付が変わって一五日午前六時四〇分から午前九時、午前九時から正午にそれぞれ別のパーソナリティーによって放送された。また「本震」（四月一六日午前一時二五分マグニチュード７・３）のあとは一六日と一七日の午前六時から午後六時まで、三時間ずつ四枠を異なるパーソナリティーが担当し、放送された。提供された音声は一五日早朝の番組から二〇分間と一六日午後の番組から約二時間、それぞれ抽出されたものである。この音声によって、番組内でメールが次々に紹介され特番の主要な柱となっていたことがわかった。地震当時の担当者Ｈ氏も、調査に対し「リスナーからのメールはほとんどが現場リポート的な内容でしたから、それぞれが大変貴重な情報でした。番組スタッフの気持ちとしては「貴重な情報だからできるだけ紹介しよう」と考えたと思います」と回答している。特番以外の時間帯は「前震」発生時がプロ野球中継であったほか、東京からのネット受け番組や、テレビの音声をラジオに流すサイマル放送も行われた（ただし「本震」のあとはテレビが停波したためラジオ独自の放送を行った）。またＲＫＫラジオには報道部がないため、ニュースについては熊本日日新聞社が提供する「熊日ニュース」（三〜四分）を一日五回程度放送し、熊日が作成する原稿や共同通信の原稿をもとに被害情報や政府・行政機関の動きなどを伝えた。このほか情報入手先としては、ＲＫＫラジオが独自に契約を結んでいた

「災害通信ボランティア」がいた。大雨などの際に身の回りの状況や被害をラジオに報告してもらうというもので個人と法人合わせて約一六〇名がいたが、これまであまり活用される場はなかったとのことである。地震後、このうち約一二〇名に電話がつながり、自宅周辺の揺れや被害を聞き取ったものを情報として放送したということだった。災害通信ボランティアはラジオ局の人員不足を補う可能性があり、第3章第3節とも関連するが、本章の調査対象からは除外した。

分析方法はまずメール全体の傾向を知るため、テキスト型データを統計的に分析するためのフリーソフトウェアKH Coder（[108]）を用いて頻出語を抽出するとともに共起ネットワーク図を描く。そして、頻繁に用いられる語の特徴とそれらがどのような語とともに使用されたかを把握する。次に「共感性」に着目し、共感に関連すると考えられる語を取り出し、メールにおいてどのような文脈で使われていたかを検証する。

続いて、メール全文の質的分析を試みる。はじめにメールを句点（文章の終わりの「。」）もしくは改行、あるいはスペース（空白）が打たれ文章が完結しているところで切り離し、Excelの一覧表にする。メールでは必ずしも句読点が打たれないためである。次に一文ずつの意味を考え、簡潔な単語で表す「概念」に置き換えるコーディングを行い、AからHの八つに分類する。そのうえでこれらの分類のなかに「共感性」を表現しているものがあるのか、検討する。さらに、切り離したメールの一文一文をコーディングの塊ごとに統合し、ひとりの人物のメールに含まれる概念が何種類あるかを抽出する。つまり、メールがA→C→B→Aなど複数の概念を行ったり来たりしている場合、含まれる概念は「A、C、B」の三つと数えることにする。そしてこれらの時間的変化を検証する。

おしまいにこれらの分析から、メールを通してラジオに「共感性」を持つコミュニケーションが生まれていたのか、そしてリスナーの側からみても災害時に「共感放送」が行われていたといえるのかについて考察する。

2　メール全体に使用された言葉

まずメールの全体像を把握するため、メール全文から頻出語一五〇語をKH Coderによる分析で調べた。KH Coderは文章形式のデータに含まれている語を自動的に切り出すほか、もとのテキストでどのような文脈で使用されているかを確認することができる。本章では、抽出語からメールの誤字脱字などをそのまま記載したことを示すため筆者が加筆した「原文ママ」という語を除外する処理を行ったほか、最初の抽出で認識されなかった語のうち「声」「初」「はじめて」と地名である「南阿蘇」「宇城」、パーソナリティーの名前である「江越」を強制抽出する単語に設定し、分析を行った。結果は表9のようになった。

メール文面に使用された語では「避難」（二〇三回）が最も多く、次いで「地震」（一九七回）が多く用いられた。熊本地震では最大震度七を観測する地震が約二八時間の間に二回起きたほか、二日間で震度六弱以上の強い余震が五回発生した。また「本震」の発生以降、熊本県熊本地方のみならず熊

表9　メール文面に頻出した上位150語

順	抽出語	出現回数	順	抽出語	出現回数	順	抽出語	出現回数	順	抽出語	出現回数	順	抽出語	出現回数	順	抽出語	出現回数
1	避難	203	24	お願い	53	35	声	38	43	気	30	48	初	25	53	東日本	20
2	地震	197	24	揺れ	53	35	早い	38	43	今朝	30	48	寝る	25	54	大津	19
3	思う	181	25	来る	52	36	雨	37	43	前	30	48	多い	25	54	朝	19
4	水	174	26	我が家	48	36	皆様	37	43	大丈夫	30	48	不安	25	54	発生	19
5	熊本	170	27	頑張る	47	36	断水	37	43	必要	30	48	復旧	25	54	眠れる	19
6	今	111	27	少し	47	37	メール	36	44	江越	29	49	ありがとう	24	55	リスナー	18
7	ラジオ	108	28	言う	46	37	怖い	36	44	支援	29	49	昨夜	24	55	考える	18
8	情報	105	28	停電	46	37	落ちる	36	44	食料	29	50	ガソリン	23	55	車両	18
9	家	86	29	揺れる	45	38	申し上げる	35	45	自宅	28	50	仕事	23	55	助かる	18
10	皆さん	82	30	RKK	44	38	無事	35	45	倒れる	28	50	市内	23	55	消防	18
11	車	77	30	小学校	44	39	スタッフ	34	45	連絡	28	50	方面	23	55	中学校	18
12	行く	76	30	放送	44	39	時間	34	46	気持ち	27	51	たくさん	22	55	南阿蘇	18
13	出る	75	31	住む	43	39	生活	34	46	使える	27	51	テレビ	22	55	北	18
14	被害	66	31	人	43	39	東京	34	46	駐車	27	51	過ごす	22	55	流れる	18
15	大変	64	32	トイレ	42	40	元気	33	47	radiko	26	52	ガソリンスタンド	21	55	力	18
16	電気	62	33	家族	41	40	災害	33	47	おはよう	26	52	宇城	21	56	祈る	17
17	昨日	61	33	本当に	41	40	状況	33	47	こんにちは	26	52	益城	21	56	協力	17
18	方々	59	34	今日	39	40	入る	33	47	安心	26	52	感じる	21	56	降る	17
19	聴く	58	34	続く	39	41	帰る	32	47	瓦	26	52	近所	21	56	食べる	17
20	近く	57	34	物資	39	41	見舞い	32	47	強い	26	52	現在	21	56	震災	17
21	聞く	56	35	給水	38	41	自分	32	47	使う	26	52	電話	21	56	送る	17
22	余震	55	35	見る	38	41	渋滞	32	47	状態	26	52	娘	21	56	大震災	17
23	心配	54	35	持つ	38	42	心	31	47	先ほど	26	53	屋根	20	56	店	17
23	被災	54	35	出来る	38	42	水道	31	47	道路	26	53	外	20	56	届く	17
23	夜	54	35	場所	38	43	阿蘇	30	47	入れる	26	53	倒壊	20	56	疲れ	17

本県阿蘇地方や大分県中部等にかけての広い範囲で地震活動が活発となった（［109］）。余震を避けて車中避難をする人が多く、地震発生後の二か月間に「車中避難」「車中泊」という言葉を含む新聞記事の件数が阪神・淡路大震災、新潟県中越地震、東日本大震災と比して突出していたことが指摘されている（［110］）。メールの頻出語でも「車」（七七回）や「余震」（五五回）、「揺れ」（五三回）、「駐車」（二七回）が上位に現れ、余震を避けて車中泊をしたという内容が多かったことを示している。またライフラインでは「水」（一七四回）や「トイレ」（四二回）、「給水」（三八回）、「断水」（三七回）、「水道」（三二回）と、「電気」（六二回）、「停電」（四六回）が頻出語の四二位までに現れ、断水や停電による苦労についての記述が多かったことを示している。

またラジオの放送に関連する語も多くみられた。まず「ラジオ」（一〇八回）、「情報」（一〇五回）がそれぞれ七位と八位に現れたほか、「声」（三八回）、ラジオ制作に携わる人々を指す「スタッフ」（三四回）、パーソナリティーの名前である「江越」（二九回）が四四位までに現れている。

続いて語と語の共起関係を調べるため、頻出語による共起ネットワーク図を描いた（図6）。共起ネットワーク図は関連の強い語どうしを線で結んだもので、図に示された円の大きさが語の出現回数の多さに比例する。作図の条件は最小出現数を三〇とし、関連性の強さを示す共起関係の算出にはJaccard係数を用いて上位六〇位までの共起関係を表示させ、共起関係の強さをJaccard係数の数値で示した。結果、一一のグループが検出され、このうち、災害放送の四つのパターンにある「被害報道」や「安否放送」、「生活情報」に相当すると思われるグループが現れていた。

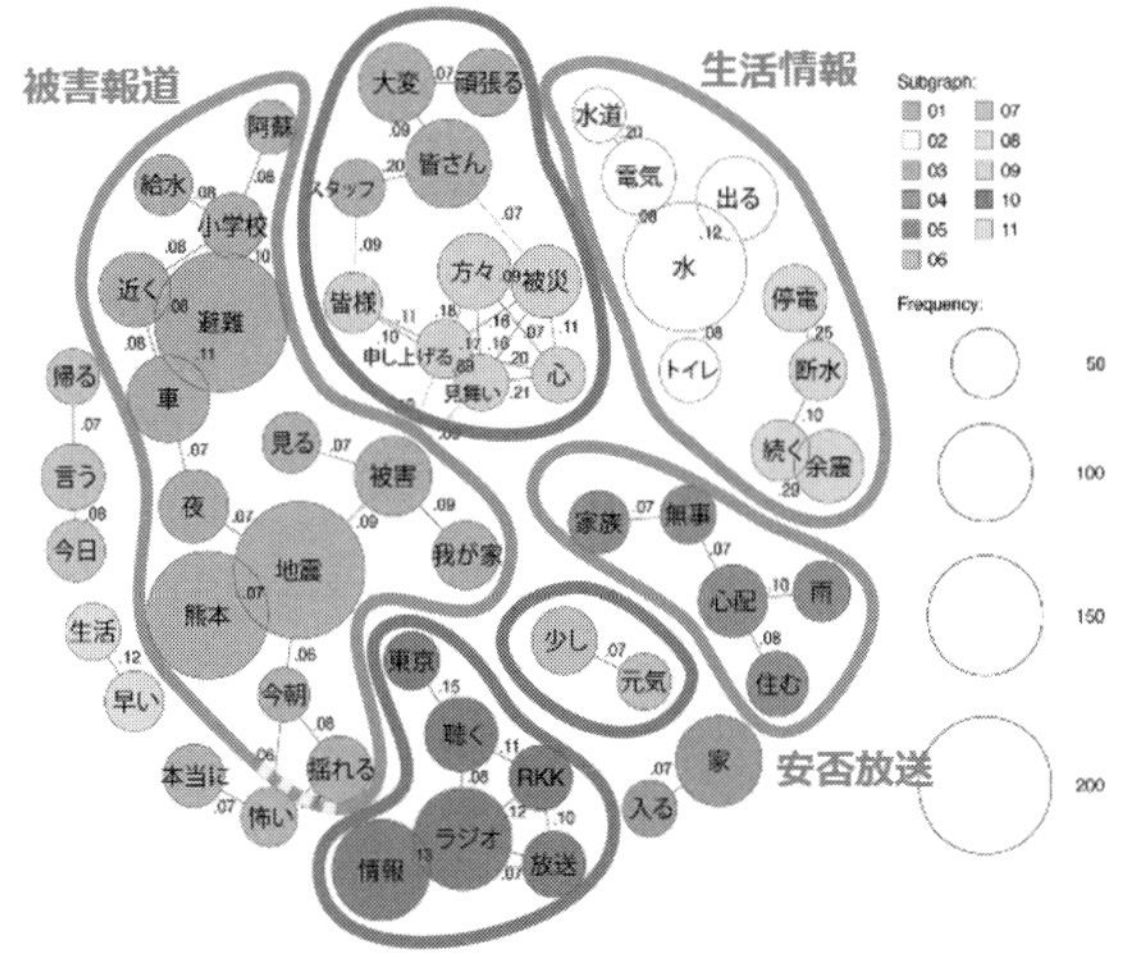

図6　メール文面の共起ネットワーク図

「被害報道」に関係すると考えられるのは第一のグループである。最も出現頻度が高い「避難」と「地震」「熊本」を含むグループで、「避難」は「小学校」や「車」などと、また「地震」「熊本」は「夜」「被害」といった語と共起していた。二度の地震が夜や未明に起きたことや、続く余震を恐れて車中避難をしたというメールが多かったことを示している。また第二グループでは「水」が「トイレ」「電気」などと共起しているほか、第八グループで「断水」が「停電」「続く」「余震」と共起し、この二つのグループを合わせて「生活情報」に相当すると考えられた。そして第五グループの「家族」「無事」「心配」などが「安否放送」に相当するとした。

ただ、ここで注目するのは、災害放送の四パターンにないグループが存在していることである。まず、第三グループで「皆さん」が「大変」「頑張る」とともに「スタッフ」と共起している。実際には「大田黒さん、まやさん、スタッフの皆さんも大変な状況で放送されているのだろうと思いますが熊本県民は皆さん声に〔原文ママ〕励まされているはず。」（四月一七日九時五三分）などとして使われていた。また第九グループで「被災」「方々」「見舞い」「申し上げる」などが共起し、実際には「熊本地震で被害に遭われた皆様に心からお見舞いを申し上げます。」（四月一六日一三時五〇分）などとして使われていた。これらは他者を気遣い自分も他者と共に力を出そうとする内容である。またラジオの放送に関係するグループも存在し、第一〇グループが「ラジオ」と「情報」や「放送」「聴く」などで構成され、ラジオから情報を得ようと聴いていた人々のメールが多かったことが示されている。これに関連し、「少し」と「元気」が共起して形成された第六グループのメールをみると「こういう精神的にまいっている時に聞くと、「あれ？こんなに元気になれる曲だったっけ？」と、少し家族と明るくなれました！」（四月一六日一四時五八分）。「ＲＫＫ様避難生活されている方々を少しでも元気を与えてあげて下さいね〔原文ママ〕。」（四月一七日一三時二四分）のように用いられ、ラジオが「少し」元気を与える存在であることを示すメールが送られていた。

　これらの全体像から、メールの文面には少なからず共感性を表す内容が含まれている可能性があると考えられた。このため、次の章では「共感性」に着目してメール全文を詳しく分析することとする。

3　「皆さん」という言葉に込められた共感性

この章では共感性を示すと思われる語に着目し、それらがメールのなかでどのように用いられていたかを分析する。目的は第3章で述べた「共感放送」が熊本地震の際にも行われていたのかどうか、リスナーの視点に立って検証しようとすることである。

では「共感」とはどのような心の動きだろうか。共感は研究者によってさまざまな定義がされてきた。共感は英語で empathy と訳されるが、心理学者で行動生態学者でもある長谷川寿一は、共感（empathy）という概念は「二〇世紀に誕生した比較的新しい心理学用語である」（［111］四一四頁）という。長谷川は教育・社会心理学者の澤田瑞也（［112］）を引用し次のように説明している。つまり、共感（empathy）はドイツの哲学者リップス（Lipps, T.）が二〇世紀初頭に、芸術に心を揺り動かされるプロセスを Einfühlung（感情移入）というドイツ語を用いて説明し、さらに心理学概念として広義にとらえたことが始まりといわれるというのだ。そして empathy について長谷川は、のちにリップスが Einfühlung に相当するギリシャ語として提示した empatheia を一九〇九年にイギリス出身の心理学者・ティチェナー（Titchener, E. B.）が英訳した語であるとしている（［111］）。「他方、類似の語である sympathy（同情）は empathy 導入より前の一六世紀から一般語として用いられ、不幸な状況にある、あるいは困難で辛い経験をした他者に対する思いやりや哀悼の感情を表す語として使われてきた（Oxford Dictionary）」という（［111］四一四-四一五頁）。

「経済学の祖」と呼ばれ道徳哲学者としても知られるアダム・スミスは『道徳感情論』において、人間の行動の動機は自己の利益であるとしながらも、人は他者による共感を得るために公平な観察者の視点を意識し、それに基づいて行動することで社会に秩序がもたらされるとして、人間の持つ共感という心の役割の重要性を説いている（［113］七-八頁）。

近年の認知神経科学や動物行動学などにおいて比較的共有されている「共感」の定義は、「他者の経験（感覚・感情・心理状態等）を共有・もしくは理解すること」というものである（たとえば［114］一〇頁）。また、共感は大きく二つに分けられている。情動的共感（emotional empathy）と認知的共感（cognitive empathy）である。情動的共感は他者の感情を共有することを意味している。一方、認知的共感は、他者が何を知り、何を意図し、何を望んでいるかを知ることであるが、他者の感情状態と観察者の感情状態は必ずしも一致する必要はないとされている（［115］一二四頁）。前出の長谷川は、現代社会の多くの場面では、情動に安易に流されず、情動をコントロールしたうえで、他者の身になって考える認知的共感の重要性がますます求められていくだろうと述べている（［111］）。

ところで本章で考察するのは災害時の「共感」についてである。第1章第5節でも触れた災害復興支援に携わる心理学者の渥美公秀（［116］）は、過去の災害の被災者が次の被災地にボランティアとして救援に向かう「被災地のリレー」が行われる際、災害体験が異なるにもかかわらずまるで旧知の仲のように被災者同士が共に涙を流し、その出会いを再会のように喜ぶ姿から、そこにどのような「共感」があるのかを考察している。そして「お互いの具体的な悲しみはわかり合えない（共感不可能性）けれど、それが多くの人に理解されがたい悲しみであることだけは共通に知っている（〈共感〉）という共感不可能性に関する共感＝〈共感〉が、人と人とを強力に、深く結びつける」（［116］六〇頁）としている。

　これらの先行研究を踏まえ本章では、被災者の状況に無条件に感情移入してしまう心の動きや、自らの被災体験に照らし合わせ、被災者の苦しい思いを自分に置き換え感じとろうとする心情を「共感」とする。平易な言葉で言い換えるならば「わかります、その気持ち」「あるある、そういうこと」や「自分もそうでした」ということになるだろうか。被災者に自分を同化させたり、被災者の苦しみに共通項を見いだし（経験した災害は異なったとしても）、近づこうとするような態度のことである。そこでこのような態度で発信されたメッセージに使われるであろう語として、表9の頻出語から「皆さん」（八二回出現）と「皆様」（三七回出現）に着目した。「皆さん」は図6の共起ネットワーク図で「大変」「頑張る」などと共起し、また弱い共起関係ながら「被災」ともつながっている。「皆さん」はある集団に向かって「皆さん……」と呼びかけたり、「○○町の皆さんが……」のように「人々」と言うかわりに親しみを込めて表現したりするときに用いられる。このため、この語を発信する人物が「皆さん」である集団に親しみや共感を持っているものと考えた。また「皆さん」よりも改まった表現である「皆様」も同様に用いられると考えた。

　メールで「皆さん」の用いられ方を分析すると「皆さん」の対象は、①ラジオ、②被災者の二つに分かれた。このうち①のラジオは以下のように、放送には出ない番組制作スタッフにも呼びかける文脈で使用されていた（強調は筆者による）。

「江越さん泉田隊長スタッフの皆さんこんにちは(*^^)v 地震、色々近況　メッセージしたいけど……電話出来ますか?電話して下さい。」（四月一六日一二時三九分、熊本県）

「小松さん、まこさんスタッフの皆さん、おはようございます。大変ななかでの放送、お疲れさまです。」（四月一七日七時一分、神奈川県）

メールにはＲＫＫラジオの放送エリア外からのものがほかにもあった。文面を読むと、これらのリスナーはパソコンやスマートフォンに地上波ラジオ放送を同時配信するサイマルサービス「radiko」（［97］）を利用していた。有料サービスであるradikoプレミアム[1]を利用すれば全国のラジオを生放送で聴くことができるため、電波が届かない地域からもメールが送られていたのである。また②の被災者に「皆さん」と呼びかけるメールでも以下のように被災地外から送られたものがあり、このような技術によって被災地の外から被災者を支えようとする構図がラジオに生まれていることがわかった（強調は筆者）。

「熊本の皆さん、全国から支援の手が差し伸べられています。熊本を、何らかの形で、支えています

から……」（四月一六日一一時、福岡県）
「東京からラジコプレミアムで聴いています。被害に遭われた皆さん心からお見舞い申し上げます」（四月一六日一五時二四分）

一方で②被災者への呼びかけには、当然のように放送エリア内である被災地の内から内へ「皆さん」と呼びかけるメールがある。そのなかには、被災しているリスナーから他の被災者への呼びかけもみられた（強調は筆者）。

「停電、断水、大変です　皆さんも、大変でしょうが、頑張りましょう」（四月一七日七時二一分）
「二泊の車中生活、たぶん今夜もと思います。疲れも出てますが、皆さんこの危機乗り越えましょう。」（四月一七日七時四〇分）
「家は、壁が落ち天井がはがれ、瓦が百枚位落ちたと思います。〔中略〕当たり前の日々は幸せです。県民皆でがまだしましょうね。」（四月一七日一〇時一七分）

（1）radiko は二〇一〇年にサービスを開始したが radiko プレミアムサービスが提供され始めたのは二〇一四年である。東日本大震災（二〇一一年）で一時的な措置として関東と関西のラジオのエリア制限が解除された経緯がある。

被害に遭いながらも「皆さん」や「皆で」と励まし合おうとしていることがわかる。また「がまだす」とは熊本の方言で「精を出す」「頑張る」といった意味で、地元の言葉を用いることでいっそうの親近感、連帯感を表現していた。また「皆さん」よりも改まった表現の「皆様」でも同様に、被災地の外と内、両方からのメールが送られていた（強調は筆者）。

「東京のリスナーですが、何が出来るか？何が出来ないか？熊本を見つめながら、今日を過ごしていきます　どうか、皆様、ご無事でありますように。」（四月一六日一二時二四分）

「江越さん、イズミダさん、お疲れ様です。そして、熊本地震で被害に遭われた皆様に心からお見舞いを申し上げます。東京から聴いています。」（四月一六日一三時五〇分）

「今一番苦労しているのは、風呂やトイレです。（中略）私も屋根に登り瓦の修繕しています。熊本の皆様協力して頑張りましょう。」（四月一七日九時五八分）

以上のように「皆さん」や「皆様」は、熊本地震で被災したリスナーが同じ体験をしている被災者に感情移入するとともに、被災者ではない県外のリスナーが被災者に共鳴していたことを示す語であった。「皆さん」「皆様」は頻出語として計一一九回出現しており、共感性を表現するメールが多数発信されていたことがわかった。

4　メールに使用された言葉の分類

続いて、メール全文に対して質的分析を加えた。はじめにメールを句点もしくは改行、スペースなど文章が完結しているところで切り離し、それらの文をExcelの一覧表にした。次にそれぞれの意味を考え、短い概念に置き換えるコーディングを行うと、以下の八要素に分類された。A「個人の感情」（自分の心情を述べているもの）、B「被災者への連帯」（被災者へのお見舞いや連帯の気持ちを表すもの）、C「被害の報告」（被害に関する情報も含む）、D「ラジオへの親しみ」（パーソナリティーやラジオに対する感謝や親しみを表現したもの）、E「支援の要請」（支援を求めたり窮状を訴えたりするもの）、F「支援の申し出」（具体的な支援を申し出たり支援につながる具体的情報を提供するもの）、G「音楽」（音楽のリクエストや音楽の力に関する感想）、H「その他」である。A「個人の感情」とB「被災者への連帯」を分けた理由は「怖かった」「眠れない」など自分の内面に向く感情と「被災した皆さん、ともに頑張りましょう」など他者へ向く感情は別々の心の動きとして集計すべきと考えたことによる。またG「音楽」は数は少ないものの、第3章で紹介したように東日本大震災の際にラジオから流れる歌（アンパンマンのマーチなど）に大きな反響があったことから、ラジオ特有の役割のひとつと考え抽出することにした。H「その他」は時候の挨拶や「〇〇に住んでいます」「2日めになりましたね」など、メールの書き出しによく使用される言葉や、A～Gに当てはまらないものを分類した。ただし時候の挨拶で「○○さん（パーソナリティーの名前）、おはようございます」「被災された皆さん」など対象を記したものは、Ｄ「ラジオへの親しみ」やＢ「被災者への連帯」にそれぞれ分類した。

次に、同じ記号を付与した文の連続をひとつの意味の塊に統合し、一件のメールの中に含まれるコードの数を集計した。集計表にはメールの通し番号と、メールに記入された差出人の住所・ラジオネーム・件名のほか「本名と詳細な住所を記入」などメールの特徴をメモした。また個人情報に配慮するかたちでメールアドレスの一部を記入し、同一人物を識別する手がかりとした。集計の一例を表10に示す。

この一覧表をもとにＡからＨのそれぞれの件数を集計し、図7に示した。

最も多かった要素はＣ「被害の報告」で、Ａ「個人の感情」がそれに続き、ともに二〇〇件以上あった。またＢ「被災者への連帯」とＤ「ラジオへの親しみ」はともに一〇〇件以上で、Ｅ「支援の要請」とＦ「支援の申し出」はそれより少ない八九件と七八件、Ｇ「音楽」は最も少なく二七件であった。最も多かった「被害の報告」は災害放送の四パターンでは「被害報道」にあたる。ただし第3章で触れたように、過去の災害では電力会社からの停電情報が滞った際、ラジオ局に寄せられたリスナーからの被害情報（自宅の停電を知らせるもの）がそれにかわる掲示板のような役割を果たし、停電している地域を把握する生活情報ともなりえたことが明らかになっている。被害の報告といえども単なる情報にとどまらない可能性がある。このことから、これら八要素すべてについてメールを詳細に検討し、文脈に「共感性」が含まれるのかを検討することとした。

表10　メール集計一覧表の例

No.	日時	分類	メール文面	住所	差出人	件名・メモ	アドレス	要素件数
352	4/17 10:54	H	おはようございます					H
		A	地震本当に怖かったです					A
		C	昨日未明の地震で我が家は倒壊までありませんでしたが壁などに亀裂がはいり今にも崩れてきそうです					C
		C	近所の方は、倒壊した家屋の下敷きになり亡くなられました	××町	××娘	住所・本名表記あり	please××@×	
		C	我が家は家族全員ぶじで今は近所のかたと近くのグラウンドに避難しています					
		C	お互い声を掛け合い助け合ってます					
		A	今後以前のような生活に戻れるのか不安だらけです					
353	4/17 10:55	C	今日９時頃バイパスを、合志方面から、神水方面へ向かっていました。					C
		C	保田窪一丁目の歩道橋の50メートル手前で、左側のビルが倒壊し、三車線の走行車線が、一車線になっており少し混雑してました。		３人分	件名：交通情報です	ishu××@×	
		B	気を付けて通って下さい。					B
354	4/17 10:55	E	お願いです					E
		E	娘夫婦が天草から米、水、持って来てますが道路状況はでかんでしょうか？〔原文ママ〕	熊本市×区	本名	件名：負けんば〜い	kuro××@×（計２回）	

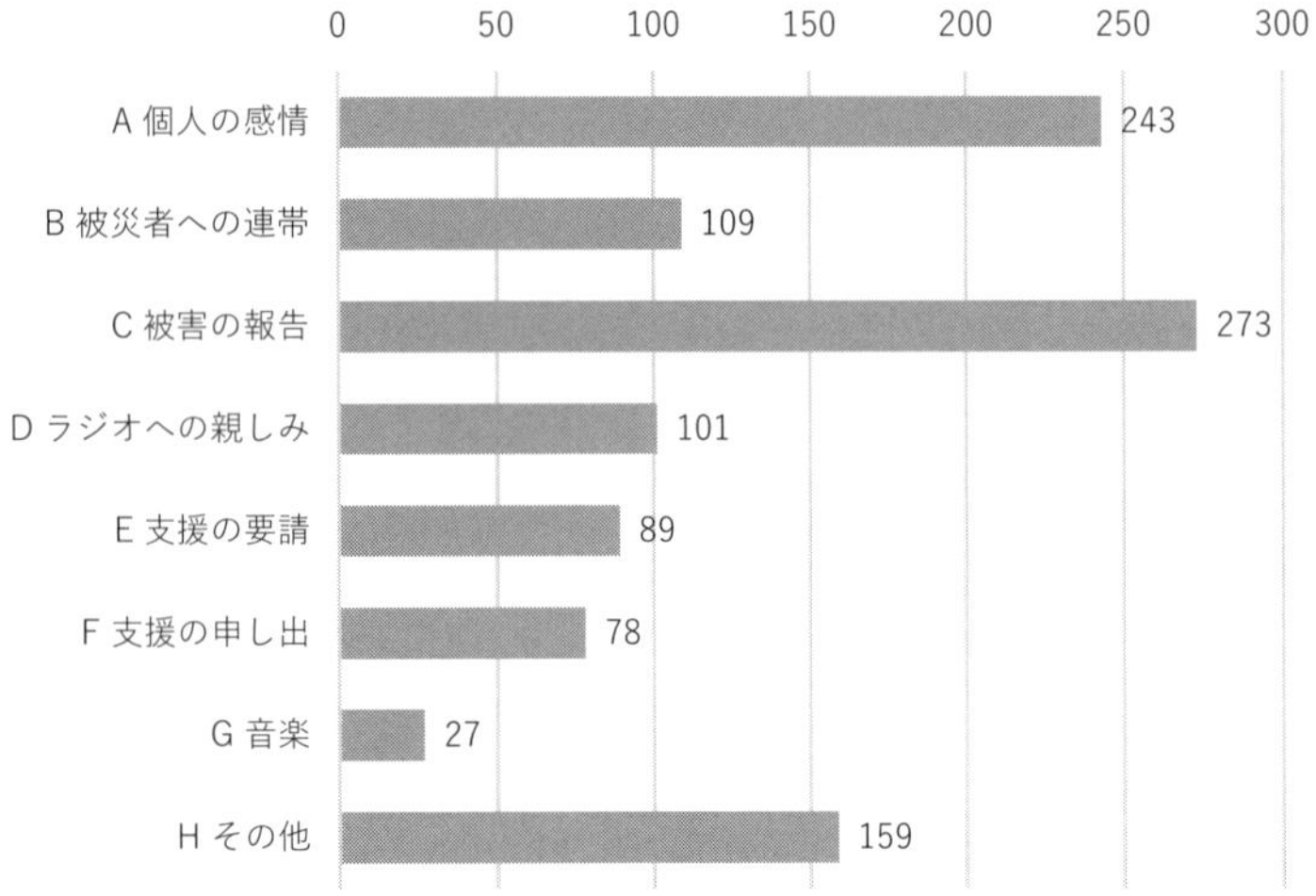

図７　メールを構成する要素別の出現件数（計1079件）

「まぁー怖かった」「涙が止まりません」吐き出される感情

　まずＡ「個人の感情」に分類したメールの内容をみていく。個人の感情を表す語は、表10の頻出語で「心配」（五四回）、「怖い」（三六回）、「安心」（二六回）、「不安」（二五回）が検出されているが、ここでは「怖い」と「不安」について共感性を検討する。「心配」は①予測されていた雨の影響や余震を心配するものと②熊本に住む家族などを心配するものに大別され、このうち共感性に関連する②は、ＡではなくＢ「被災者への連帯」に分類された。また「安心」は③無事を心配していた家族などに「何とか連絡がつき安心しました。」とするものや、④ラジオを聴くことによって「ほんとに、ほんとに安心します。」とするものがあり、それぞれＢもしくはＤ「ラジオへの親しみ」に分類された。このため、残る「怖い」と「不安」のうち「怖い」について、言い換えである「恐怖」や「怖さ」「怖かった」「こわかった」「恐ろし（い）」を含めて分析すると、次のように使用されていたことがわかった（強調は筆者）。

「夜中の激しく、長い時間の揺れには恐怖を感じました。」（四月一六日六時一四分）

「まぁー怖かった(i_i)初回の地震と違って昨夜の地震はかつてない揺れでしたね。〔中略〕ラジオをききながら眠れない夜を過ごしました。」（四月一六日九時三三分）

「避難してから一睡もしていないのに揺れが怖くて眠れません。時間が経つのが遅く感じますが、夜になるのは怖いです。でもみなさんと頑張ります！」（四月一六日一五時一一分）

「怖かったです！もう寝不足で！」（四月一七日九時三五分）

「まぁー怖かった」「怖かったです！」など感情をそのまま出したメールには、親しい人に向かって気持ちを吐き出すような「親近性」や「信頼感」がみられる。

続いて「不安」は、地震後最初に受信されたメールの中で次のように使用されていた（強調は筆者）。

「周りの被害は夜中なので、分かりません。しかし、余震が起きるので、不安です。メールをしている間も余震を感じました。今、不安な中でRKKラジオを聴いています。」（四月一五日三時四二分）

真っ暗ななかで突然起きた地震と続く余震、周囲の状況やこれからの見通しがわからないことに対する不安をメールに込めている。不安を訴えることができるラジオへの「信頼感」も現れている。また「本震」のあとも、不安をつづった以下のようなメールが送られていた（強調は筆者）。

「今は外が明るく多少余震があってもわずか不安がやわらぎます。が、これから天気も下り坂、辺りが暗くなると怖さが倍増します。いつになったらおさまるのでしょうね……」（四月一六日一三時一二分）

「お昼ごはんとして長崎の自衛隊の方々が、ご用意下さってる「おにぎり」の配給に並んで2時間40分、戴きましたが……まだ貰えていない方が長蛇の列です。夕飯にはありつけるのか？不安な車中泊2泊3日目です。」（四月一六日一五時三五分）

「介護の仕事をしていて、〔中略〕昨夜の地震の時も夜勤で被災にあいました。1人で夜勤していたので、とても怖かったです。〔中略〕不安がいっぱいで、涙が止まりません。」（四月一七日一二時一五分）

「不安がいっぱいで、涙が止まりません」も、親しい人や信頼する人にしか打ち明けられない内容であろう。これらは必ずしも解決を求めているわけではなく、ラジオがそれを受け止め、自分の気持ちに共感してくれるとの期待があって送られたと考えられる。

郵　便　は　が　き

恐縮ですが
切手を貼って
お出し下さい

606-8161

京都市左京区
一乗寺木ノ本町 15

ナカニシヤ出版
愛読者カード係 行

■ ご注文書（小社刊行物のご注文にご利用ください）

書　　名	本体価格	冊　数

ご購入方法（A・B どちらかをお選びください）
A. 裏面のご住所へ送付（代金引換手数料・送料をご負担ください）
B. 下記ご指定の書店で受け取り（入荷連絡が書店からあります）

市 区	町 村	書店 店

愛読者カード

今後の企画の参考、書籍案内に利用させていただきます。ご意見・ご感想は匿名にて、小社サイトなどの宣伝媒体に掲載させていただくことがあります。

お買い上げの書名	
(ふりがな) お名前　　　　　　　　　　　　(　　歳)	
ご住所　〒　　　ー	
電話　　(　　　)	ご職業
Eメール　　　　@	

■ お買い上げ書店名

市　　町
区　　村　　書店・　ネット書店名(　　　)

■ 本書を何でお知りになりましたか

1. 書店で見て　2. 広告(　　　)　3. 書評(　　　)
4. 人から聞いて　5. 図書目録　6. ダイレクトメール　7. SNS
8. その他(　　　)

■ お買い求めの動機

1. テーマへの興味　2. 執筆者への関心　3. 教養・趣味として
4. 講義のテキストとして　5. その他(　　　)

■ 本書に対するご意見・ご感想

ところでこうした「親近性」「信頼感」が際立ったメールが一通あった。「前震」のあとの四月一五日午前七時に、工務店を営んでいると思われるリスナーが、店の在庫のガラスがすべて破損したとする被害報告のメールを送っていた。ところがこの同じリスナーは「本震」のあと、せっかく片付けた店内が再び被害を受け、それだけではなくさらに衝撃を受ける体験をした。そのつらい気持ちをラジオに送っていた（強調は筆者）。

「金曜日夕方「雨戸が動かなくなったので調整して欲しい」と〇〇町の方から依頼が有り「明朝（一六日のこと）お伺いします」とお返事しました。今朝、行ってみたら……未明の地震でお宅は半壊、家主さんは避難されたようです。全ては災害のせいだと　解ってます、解ってますが……「夕方の時点で行ってたら何かが変わったんじゃないか？」自分を責める気持ちが後から後から止まりません(T_T)」（四月一六日一二時二七分）

メールの内容は以下のようなことである。前震のあと、雨戸の修理を頼まれたが駆け付けることができず、翌日に訪問する約束をした。ところがその前に「本震」が起きてしまい、行ってみると依頼主の自宅は半壊していた。自分が駆けつけていれば被害は免れたのではないか……。このように自分を責める気持ちをそのままメールにしたものである。二度も地震が起きることは予測不可能であった。メールを送ったリスナーも被災し、すぐには仕事の依頼を受けられなかった。自分でも理解してはいるが、無理をしてでも依頼主の家を修理していれば半壊することはなかったのかもしれない。家が半壊したのは地震のせいだが、自分がその被害を食い止めることができていたのかもしれない……と混乱した気持ちがそのままつづられている。この気持ちをラジオに聞いてほしい、言わずにはいられない、と感じたのだろう。また「自分の落ち度かもしれない」という話を他人にするのはつらいことである。他人に話した結果「それはあなたが悪い」とさらに自分を落ち込ませる反応が返ってくることもあるだろう。それでもメールを出さずにいられなかったのは、パーソナリティーはきっと自分を否定しないだろう、ひょっとすると「あなたのせいではない」と言ってくれるのではないか、あるいは放送を聞いたリスナーが応援してくれるかもしれない、という期待感があったかもしれない。日常からラジオに対して親近性や信頼感を感じ、ラジオの共感性を信じているからこそ、このようなメールが送られていたと考えてよいだろう。

「何か力になりたい」「みなさんも余震に気を付けて」被災者への連帯

Ｂに分類したメールは「被災者への連帯」を表現していることから共感性を持つと考えられる。また第3節で述べた「皆さん」を含むメールと共通するものが多かった。文脈を詳細に検討すると、他者の感情の状態に同期しようとする積極的な心の動きがみられた。被災地外のリスナーが送ってきたメールを例に挙げる（強調は筆者）。

「木曜日夜の地震、そして早朝の地震で被災された皆さまに、まず心からお見舞い申し上げます。〔中略〕何が足りないのか、情報を共有していきたいですね。東日本の私たちも支えていきたいと思います。」（四月一六日八時四九分、神奈川県）

「今は気持ちが張っていると思うので踏ん張りが出ると思います。でも時間が経つと、踏ん張り切れなくなるでしょう！私も東日本大震災の時はそうでした。そんな時は、自分の感情を出しましょう！きっと周りの人に分かってもらえると思います。頑張ってとは言いません、一緒に乗り越えましょうね。私たちも微力ですが、ついていますよ。みんな応援団です！」（四月一六日一〇時二四分、宮城県）

「物資はどんな物が必要ですか？どこに送ったら良いですか？　個人でできる範囲で微力かもしれませんが、何か力になりたいです。」（四月一六日一〇時四七分、東京都）

これらは被災者に心を寄せ、さらに踏み込んで被災者を支え力になりたいと表明していた。一方で、被災地の中において被災者から被災者に向かって発信されたメールにも、他者を思いやる次のようなものがある（強調は筆者）。

「家の中はひっちゃかめっちゃか〔原文ママ〕、壁ははがされ夜中から駐車場の車の中にいます。近所の方々も一緒です。今は耐えるのみです。みなさん気を強く持って頑張りましょう」（四月

一六日九時三二分）

「今私と父とで瓦の片づけをしています。余震も続いているので、気を付けて作業しています。みなさんも余震に気を付け行動してくださいね。」（四月一六日一〇時四〇分）

他者を思いやる心の余裕は、自分の苦しみを受け入れてもらうことで初めて生まれるものだろう。Ａ「個人の感情」をラジオが受け止めることで、Ｂ「被災者への連帯」を生む感情が生まれ、放送が共感性を持つことにつながると考えられる。

被害の報告にとどまらない「運転される方は注意」

Ｃに分類した「被害の報告」に関するメールだが、被害報道は災害放送の四パターンのひとつとされている。図７に示したように熊本地震においてもメールの内容に含まれる数が最も多かった。以下のような例がある（強調は筆者）。

「夜半の本震の後、〇〇の屋上駐車場に避難していました。〔中略〕夜が明けアパートに戻ったものの断水、停電が続いていました。〔中略〕これからも余震が続くと考えられるので着替えなど必要な物を持って避難所に行ってきます。これを書いているときも余震が続いています。」（四月一六日六時三七分）

「私たちは○○の○○会館に避難しています。今は30人位は居ます。今、揺れてます。」（四月一六日九時二二分）

これらにみられる特徴は「何かをしながら」や、「思いついたら即時に」メールを送っている点である。避難生活では水の確保や避難所運営など日常にはないことが重なり、じっと座って情報収集をすることもままならない。これらのリスナーはそのわずかな隙間を利用してメールを送っていた。このC「被害の報告」に分類したメールを分析すると、①個人の被害報告、②他のリスナーへの情報の二つに大別された。①と②の違いは、②には「○○（地名）と○○（地名）の間の車両の通行はできない」など具体的地名が記され「ご注意ください」と他のリスナーへの呼びかけが書かれている点である。このため被害情報を他者へ伝える意図で送られたと判断した。まず①の例では、次のようなメールがある（強調は筆者）。

「また今朝の地震怖かったですね！（中略）せっかく、とりあえず歩けるようになった家の中もまためちゃくちゃ、（中略）近くの橋も段差ができたり、ずれたりしているんですよ、通行止めになっている所もあります。（中略）地震が起き逃げるときに足をこねて腫れたので昨日病院に行ったら、靭帯が伸びていてギプスをしています。」（四月一六日一一時三一分）

このメールでは地震でけがをしたことが個人的体験として書かれ、ずれているという橋を特定できる情報はなかった。なおこのリスナーは計三回、同じような内容のメールを送っていた。「自分の話を聞いてラジオに共感してほしい」という気持ちを込めたものと考えられた。一方で②の例は次のようなものである（強調は筆者）。

「熊本県上天草市○○町では信号が機能していません。運転される方はとにかくご注意を。」（四月一六日一二時八分）

「○○町から○○市まで戻って来ましたので報告します。3号線は下りがU交差点を過ぎてしばらく行った所から先は多分Yまで繋がっていると思います。上りはKバイパス入口からUまで繋がっていると思います。Hバイパスは、○○超えて○○付近からO方面に渋滞してます。○○も若干渋滞している様です。参考になればと思いメールしました。」（四月一六日一六時三九分）

②に分類したこれらのメールは「運転される方は」「参考になれば」といった他のリスナーを意識した語が含まれ、被害情報を共有しようとしていることがわかる。自分が知りえた情報を他者のために使ってほしいとメールを送る行為は、困っている他者の状況に共感した行動ととらえることができる。

「いつもの声が聞こえてホッと」「泣けるほど励まされる」

Ｄ「ラジオへの親しみ」に関するメールには、パーソナリティーの名前や愛称を親しげに呼びかける挨拶や「ラジオの声に励まされた」「ラジオがあってよかった」などの内容を分類した。「こんにちは」といった単なる挨拶はこのＤには含めず「マサヤン、理佳ちゃんこんにちは」などパーソナリティーの愛称が含まれていればＤとした。まず、なじみのパーソナリティーの名前を親しげに呼びかけるメールに次のようなものがあった（強調は筆者）。

「おはようございます　小松さんとすみママの声が聞こえてホッとしました」（四月一五日六時五一分）

「江越さん、隊長ありがとうございます。声を聴けるだけで心が落ち着きます」（四月一六日一七時一七分）

次に、ラジオの役割を自分なりに分析するメールがみられた。それらのメールは地域外のリスナーから送られたものが多かった。被災地のリスナーが「ホッとする」などとラジオの役割を直感的にとらえているのに対し、被災していないリスナーの場合はかつての自分の被災体験を振り返るなどしてラジオの役割について考えているメールが目立った（強調および〔　〕内は筆者）。

「平成16年に中越地震、平成19年に中越〔沖〕地震を経験しました。地震の時のラジオの声は本当に助かります。お二人〔パーソナリティーのこと〕の声は必ずみなさんの力になるはずです！こんな時こそ、やはり日本全体で向き合っていきましょう！」（四月一六日一三時三八分、新潟県）

「私は21年前の阪神・淡路大震災の被災者で避難生活も経験しました　あの時、ラジオが唯一の情報源でラジオから流れてくる、お馴染のパーソナリティーの声で落ち着き、元気をもらいました。ＲＫＫラジオの各番組のパーソナリティーの皆さん、何かと大変でしょうが、熊本の人たちが元気になれるような放送をお願いします」（四月一六日一三時四九分、兵庫県）

さらに被害報道が中心の東京発のテレビなどとの違いを述べ、ラジオが人々の声を伝え、恐怖を煽らないことについて述べたメールもあった（強調は筆者）。

「東京発のニュースではわからない生の声を聞いて、居てもたってもいられずメールしました。」（四月一六日一三時五一分、静岡県）

「テレビでは同じ情報ばかり流れたりするので思いつきＲＫＫラジオを聴いています。熊本にする〔原文ママ〕人々の声やリアルな情報をきくことができ、非常に助かっていますし、少しずつ気持ちも落ちついていきます。」（四月一六日一五時二一分、東京都）

「テレビでは予測や、地震のメカニズムや都市に直下型地震が来たらとかの分析をしていて……

恐怖を煽られる事も多いです。なのでＲＫＫさんの放送が淡々と明るくて、泣ける程励まされます。」（四月一六日一七時三八分、愛知県）

地震の情報を得るのであれば東京発のニュースでも十分であると考えてよい。しかしこれらのリスナーは中央からの情報ではなく、地元からの情報を求めていた。さらにいうなら情報ではなく、被災者の生の声を聴き被災者と同じようにラジオから励まされることを求めていた。一方で被災したリスナーから、パーソナリティーに共感する次のようなメールも送られていた（強調は筆者）。

「江越さんも涙ながらにメッセージを読まれていて、こちらも張り詰めていた気持ちがほぐれました。」（四月一七日八時一四分）

これは、ラジオのパーソナリティーの声の変化に気づいたメールである。ＲＫＫラジオではパーソナリティーやスタッフも被災し、同じ「被災者」として放送を出している事実に共感したリスナーも多かったと推測される。テレビでは大災害時、東京キー局がスタジオを開き、被災者ではないニュースキャスターが特別番組を進行する。そのような画面から被災者が受ける印象と、被災者の痛みをわかるラジオパーソナリティーから受ける印象には、大きな違いがあるだろう。またこのようなリスナーのメールを放送で紹介し、他のリスナーが共感することによって、ラジオが共感の連鎖を仲介する可能性もある。いわば「被災共同体」のようなものがラジオを媒介にして生まれるといえる。以上のように、Ｄ「ラジオへの親しみ」を表現したメールからは、日常と変わらないラジオの声に抱く安心感や、同じ被災者としてのパーソナリティーに抱く親近感、ラジオが伝える被災者の声に対する共感がみられた。

助けを求めるリスナーに別のリスナーが手を差し伸べる

ここでは、支援を「求める」側と「提供する」側のメールをあわせて分析する。まずＥ「支援の要請」にはＣ「被害の報告」と類似するメールがあった。そこでＥには「○○避難所にいるが水が足りない」「○○の駐車場に避難しているが何も食べていない」など困難な状況と居場所が具体的に書かれているものを分類した。「メールが読まれ、支援してくれるのでは」という期待感が込められていると判断したことによる。これに対し、Ｆの「支援の申し出」には、給水が行われている公園名、日用品を販売しているスーパーの名前、食料を無料配布している店や施設の名前など、具体的な入手方法がわかる情報や、自分自身が支援を提供するというメールを分類した。「熊本地震のために募金をした」「保健師が熊本に派遣される」など、被災地への具体的な支援のアクションについて記載されたものもＦに含めた。メールの文面からＥとＦとの関係を抽出していくと、支援を求める被災者のメールに応え、助けたいと考える別のリスナーが支援に乗り出す構図がみられた。まずＥではニーズが多かった水、道路情報、ガソリンを求める次のようなメールが送られていた（強調は筆者）。

「断水で困っております。○区○○の住民ですが、給水ポイントをお願いします。」（四月一六日九時三二分）

「○○の親から瓦が落ちたとの連絡を受け熊本市内から向かっていますが3号線が大渋滞。S橋に迂回してきましたか、こちらも全く車が進まない。〔中略〕どこならすいているのか、どこを避ければいいのか、情報をください　お願いします。」（四月一六日一一時二七分）

「江越さん、今車で待機しているのですが、ガソリンを入れたいのですがどこで入れれるか〔原文ママ〕教えてください。○区です。よろしくお願い致します！」（四月一六日一二時一一分）

このように支援を求めるメールが届く一方で、F「支援の申し出」では地域の商店や企業による下のような支援のメールが寄せられていた（強調は筆者）。

「只今より店頭にて飲料とインストラーメン〔原文ママ〕など一部商品の販売を始めます。〔中略〕それと水道水が出ます。容れ物はありませんが無料でくめます。」（四月一七日八時四六分）

「弊社井戸水ご利用いただけます。ご自由にどうぞ」（四月一七日一二時三四分）

さらに個人からも、個人情報を喜んで提供する形で給水を申し出るメールが送られている。次の例はラジオ局に、それぞれ詳しい住所や本名を知らせていた（強調は筆者）。

「当家は、湧水を利用しています。どうしても、Uインター近くで「水」が必要な方がおられましたら、RKK様に問い合せ、僕のメールアドレスにご連絡頂ければ、提供させて頂きます。」

（四月一六日一六時三五分）

「水の提供です。〇〇に住んでます。地下水な為、必要な方わ〔原文ママ〕汲みに来て下さい」

（四月一七日一三時一六分）


また道路情報については、被災地外から情報を収集し、メールを送っているリスナーがいた。「情報ボランティア」のような意識で被災者のために動きたいという気持ちが表れている（強調および〔　〕内は筆者）。

「〔トヨタのHP　URL表記に続けて〕通れた道マップと言うのを提供しています」（四月一六日一二時三一分、東京都）
「産交バスのホームページによると、7時30分よりT‐K経由‐K間　T‐U‐K間が運行されているようですね　熊本市内と外部を結ぶ公共交通としては、最初の復旧ではないでしょうか念のため、放送前にご確認してください　産交バス　運行状況〔URL表記あり〕」（四月一七日八時三九分、静岡県）

またガソリンについても給油をしたリスナーから情報が寄せられていた（強調および〔　〕内は筆者）。

「○○市○○信号近くの小さなガソリンスタンドで給油できます。」（四月一六日一二時三一分）

「いつもの近くのガソリンスタンドに行って、入れて来ましたが、待つことなく、スムーズに入れられましたが〔中略〕現金で２０００円までと決まっていましたよ。○○〔地名〕においでください」（四月一六日一二時四二分）

しかしながらＲＫＫラジオの当時の担当者が、ヒアリング調査に対し「ラジオらしい放送だった」と振り返るのは以下のメールのやりとりである。支援の要請と申し出がラジオを通して連携した典型的な例となった。「本震」が起きた一六日、午後になって、指定避難所ではない小学校に避難しているリスナーから切実なメールが寄せられた（強調は筆者）。

「お願いします‼○○市です。〔中略〕ここは、指定避難場所になっていないらしいので、支援物資が届きません。他の避難場所に移動するのも困難な状況です。２００名ほどいます！場所は○○市○○のＯ小学校グラウンドです。助けてください。水や食料がないので、困っています。」

（四月一六日一三時五二分）

そして、このメールに対して複数のリスナーが支援のための行動を起こした。そのなかで、市役所へ電話するという行動を起こしたリスナーがいた（強調は筆者）。

「〇〇市役所へ連絡したところ、避難者がいることは把握している。ただ、迂回しているので物資が届くのに時間がかかる、ということです」（四月一六日一四時四六分）

同じリスナーは、約三〇分後にも以下のメールを送っており、支援が遅いと行政を責めるのではなく、行政も最大限の努力をしていることに理解を求めている（強調は筆者）。

「東京から〇〇市役所へ電話した甲斐がありました。ただ、通れる道路は刻々と変わるので、物資が届かない場合もあります。市役所はできる限りの最大限のことをしていますので、物資が届かない場合でも市役所を責めないで上げて下さい。」（四月一六日一五時一三分）

災害対応に忙殺される役所に直接電話することについての賛否はあるだろうが、二〇〇人の命にかかわる問題でもある。このリスナーは市役所に直接電話をしたため職員の生の声を聞き、その苦労を感じ取ったのだろう。被災者への共感と行政職員への共感も込められたメールとなっていた。この例のように、当時のラジオでは被災者の発信をきっかけにそれを解決するため別のリスナーが動くという、共感と助け合いによる双方向のコミュニケーションが生まれていた。当時の担当者Ｈ氏は、調査に対し「困っているリスナーを別のリスナーが助けるための「掲示板」のような役割をラジオが果たした」と話している。

壊れたレコード室から探し出した「アンパンマン」のＣＤ

ここではＲＫＫラジオから提供された特番の音声も参照しながらＧ「音楽」に関するメールの内容を分析し「音楽」をめぐる共感性を検証する。音楽は災害時の「情報」とはいえず、災害放送の四パターン（防災放送、被害報道、安否放送、生活情報）にも入っていない。さらには図7に示したように、メールに含まれるＡ～Ｈの八要素一〇七九件中、最も少ない二七件しかなかった。しかしメールの文面を分析すると、ラジオで音楽が流れたことをきっかけに被災者の気持ちが明るくなり、それについての反響が次々に寄せられラジオの共感性を象徴していたことがわかった。第3章の民放ラジオ局へのアンケートでも、過去の災害において音楽が被災者を励ましたことがわかっている。「アンパンマンマーチ〔原文ママ〕などアニメソングを放送したことで子どもが喜んだというメッセージが届いた」という例や、リスナーのメールを機に大々的にリクエストをかける番組構成に切り替え、ＦＭで普段はかけない演歌まで放送したという例である。今回ＲＫＫラジオの当時の担当者Ｈ氏は、ヒアリングに対し「地震の後、初めてかけた〝音楽〟がアンパンマンのマーチだった」と答えている。歌詞のある曲を求める声は一六日の午前から寄せられ始めていた。それは鳥取県西部地震や東日本大震災など過去の災害の被災者で、自分は音楽に勇気づけられたので被災者のためにかけてはどうかとするものであった。そのなかで言及されていたのは「アンパンマンのマーチ」である。そのあと一六日午後一時五八分ごろ、パーソナリティー（江越哲也氏）が阪神・淡路大震災を経験したリスナーからのメールを読み上げ「元気の出る曲をかけよう」と放送で提案したことが、音楽が流れるきっかけとなった。放送音声の一部を以下に示す。

〔メールを読み終わる〕……どうもありがとうございます。神戸からいただきました。私もあのときね、大阪のＦＭでずっとレギュラー番組八年間やってて、やってましたんで、ほんとにわかるんですよね。あのときも言われました。でね、あのときはＦＭ局でしたんで音楽が中心ですけど静かな曲でいこうってなったんですが、後から聞いたら元気をつけるロックをかけてほしかったとかね、東日本のときもやっぱり子どもたちが落ち込んでるからっていうんでね、ＦＭ東京にね、アンパンマンをかけてってリクエストで、かけたら子どもたちの笑顔が戻ったんでね、みんなアンパンマンをかけだしたらわーっと東北が元気になったって話を聞いててね、音楽はやっぱ大事だなと思いますね。ちょっと二時過ぎから少し元気の出る曲かけようか。なんかね、ちょっと考えていきますね、皆さん。情報も大事ですけどよろしくお願いします。

そして地震速報や被災地の中継などをはさみ、再びパーソナリティーのトークに戻る。このなかで、

写真12　地震で壊れたレコード室のラック
（2016年4月15日撮影　提供：RKK ラジオ）

ＣＤなどの音源を保管している「レコード室」が被害を受けたことが明かされる（写真12）。頑丈な棚が倒れＣＤなどが散乱しているがスタッフは放送を優先し片付けもできていない、といった話が紹介され、いよいよ曲がかけられる。以下には、同じくパーソナリティーであるイズミダタツヤ氏の相槌も含まれている。

先ほどアンパンマンの話、ちょっとしましたね。アンパンマンをかけようかなっていうんでスタッフ探してくれてるんですけど、わからないんですよ。結局。レコード室で探すときにはパソコンでその曲名なりアーティスト名なり、何かいろいろと棚の番号がパッと出てきてそこに行って探せるってシステムになってるんですが、それすらなかなかうまくいかないし、また足の踏み場もなかったんで探せないんですよ。……あった?! 偉いね! いつもすごいんですよ、このRKKラジオの……ディレクターさん。嗅覚がすごいんでしょうね、きっとね。もうね、もうもうめげません。いろんなものを掘り出してきたっていう感じがしましたね、いま。すばらしい。かけようよー、ちょっとー。気分も変わるよ。アンパンマンのマーチで元気よく行きましょう。

そして午後二時二四分ごろ「生きる喜び」を明るく歌う「アンパンマンのマーチ」が放送されると、それに対して「歌に勇気づけられた」というメールが次々に寄せられた。

「先程アンパンマンの曲を流していただき、少し涙が溢れました。いつもなら、幼稚園通いの姪っ子たちと大きな声で歌っていたのに、こういう精神的にまいっている時に聞くと、「あれ?こんなに元気になれる曲だったっけ?」と、少し家族と明るくなれました!」（四月一六日一四時五八分）

「ゆらゆらと二、三日前から頭も心もゆれ続けて何だか、気分が悪いのかなと思うくらいで不安定です。そんな中「アンパンマン」の歌が、少しでも聞けると、ふっと……安心したような感じでした。ありがとう♡歌はいい♡」（四月一六日一五時八分）

この二通のメールは放送で読まれている。ＲＫＫラジオでは困難な状況のなかでスタッフがＣＤを探し出して音楽をかけた。このストーリー性がいっそうリスナーに感動をもたらしたと思われる。そのことをつづった地域外のリスナーからのメールもあった。

> 「聴いていて涙が出ます。きっとものすごい混乱の中、自分たちのことは二の次、三の次で、番組を届けてくださってるんですよね。散乱したレコード室の中からアンパンマンのマーチを探して、情報も少しでも役に立つものをと調べられて、そんな電波に救われている方々が、本当にたくさんいらっしゃると思います。」（四月一六日一五時二八分）

音楽はそれ自体に癒しや緊張を解く効果があるが、音楽にまつわるストーリーによっても「共感」を呼んでいたことがわかる。災害放送において、被災者が生きていくために必要不可欠な情報は数多くある。しかしながら日常が失われ、ただでさえ平常心ではいられない被災者は情報の渦に巻き込まれることによって疲労感を募らせる。音楽はそのような情報の隙間に入り、人々の心を打ったのだろう。また地震当時の担当者Ｈ氏は避難所にいた支援者から聞いた話として「被災者は硬い体育館の床や廊下に紙だけ敷いて座り、疲れきっていた。テレビをつけて目を開けていることもつらく、目を閉じたまま聴けるラジオのほうがいいと言われていた」とヒアリングに対し、答えている。ラジオには情報だけでなく隙間や余白性が求められており、余白性が「共感」を生む余裕を生じさせていたともいえる。

「はじめまして」とメールを寄せるリスナー

ＡからＧで述べた七つの要素に当てはめることのできない内容をＨ「その他」に分類した。「その他」には「ラジオに対する提言」「熊本地震ではない自分の被災体験」（東日本大震災など）のほか「おはようございます」「夜が明けましたね」などの挨拶や「〇〇町に住んでいます」などの自分の紹介などが分類された。Ｈでは、このなかで挨拶に使われている「初めて」という語に着目した。表10の頻出語で「初」は二五回出現している。そのなかで「はじめまして」は二件、「初めてのメール」は六件、「熊本地震が初めての経験」「初めての大きな地震」だとするメールが七件、最初の地震つまり「前震」のことを書いたメールが六件、その他（「二度目の地震で最初と同じ状態に……」「はじめは〇〇に避難していたが」など）が四件あった。そのなかで「初めてメールを出す」と書かれたものを以下に示す（強調は筆者）。

「初めてメールさせていただきます。〔中略〕九州電力の佐賀ナンバー作業車が十数台隊列を組んで3号線を南下されていきました。大変な作業とは思いますが、何とか早期復旧をお願い致します。」（四月一六日一一時七分）

「初メールします、〔中略〕ずっと避難所に居ますが、徐々に利用者さんの場所の陣取り合戦もイ

ライラが出ているようです。」（四月一六日一五時七分）

「江越さん、泉田さん、スタッフの皆さん、はじめまして。大変ななかでの放送、お疲れ様です。〔中略〕昨日より受付開始された日本赤十字社の募金でささやかではございますがいくらかを寄付させていただきました。」（四月一六日一七時三五分）

「はじめまして。〔中略〕以前は大分に住んでおり、頻繁に阿蘇に行っておりましたので今回の地震被害のことを知って悲しんでおります。」（四月一七日一〇時一一分）

「初めまして。熊本ファイト！頑張って下さい。明けない朝はない！一日も早く復旧復興する事を遠い名古屋から願っています。」（四月一七日一三時二四分）

「初めまして」という挨拶は人と人が最初に出会ったときに使われる。これらのリスナーはメールを送る相手を無機質な「メディア」ではなく、パーソナリティーや番組スタッフら「人」と想定して送っているものと思われた。実際に新規のリスナーからのメールが多かったのかについて、当時の担当者H氏に確認したところ「常連リスナーよりも新規リスナーのほうが少し多かったかもしれません。新規リスナーというよりサイレントリスナーの方々もメールを書いてくれた……ということかもしれません」との回答を得た。「サイレントリスナー」とは、活発にメールなどで反応をラジオに送ってこない、沈黙のリスナーのことを指している。沈黙しているが普段からラジオは聴いている。とすれば、サイレントリスナーにこの日メールを送るというアクションを起こさせたものはなんだろうか。

それを知る手がかりが前掲の「初めまして」に続くメールの内容にある。一言で表現すれば「送らずにはいられない気持ち」である。電力復旧のための作業車に早期復旧を祈る思い、避難所での被災者のいら立ちを心配する思い、熊本のためにできることはないかと考え、募金したことを知らせようとする思い、かつて親しんだ地域の被害に胸を痛める思い、そして被災者とラジオへエールを送りたいという思いである。この思いに共通するものは、被災者の状況に感情移入し同じ立場になって考える「共感性」であり、共感によって平常時は姿が見えなかった潜在的なリスナーが災害時にアクションを起こし、姿を現したといえる。

5　メールの件数と時間変化

ここでは、メールの受信件数の時間変化からその特徴を分析する。一時間ごとの変化を図8に示した。

メールは一四日午後九時二六分に「前震」が起きたあと、日付が変わって一五日の午前三時四二分に一通目が受信された。午前六時台の四通がピークで数はきわめて少ない。ヒアリング調査で当時の担当者は、一回目の地震のあと「もうこれで終わり」という空気が局に漂っていたと答えている。被災者にとっても「あとは片づけるだけ」のような気持ちだっただろう。しかしさらに大きな規模の「本震」が一六日午前一時二五分に起き、その後メールが再び寄せられるようになった。数は時間を

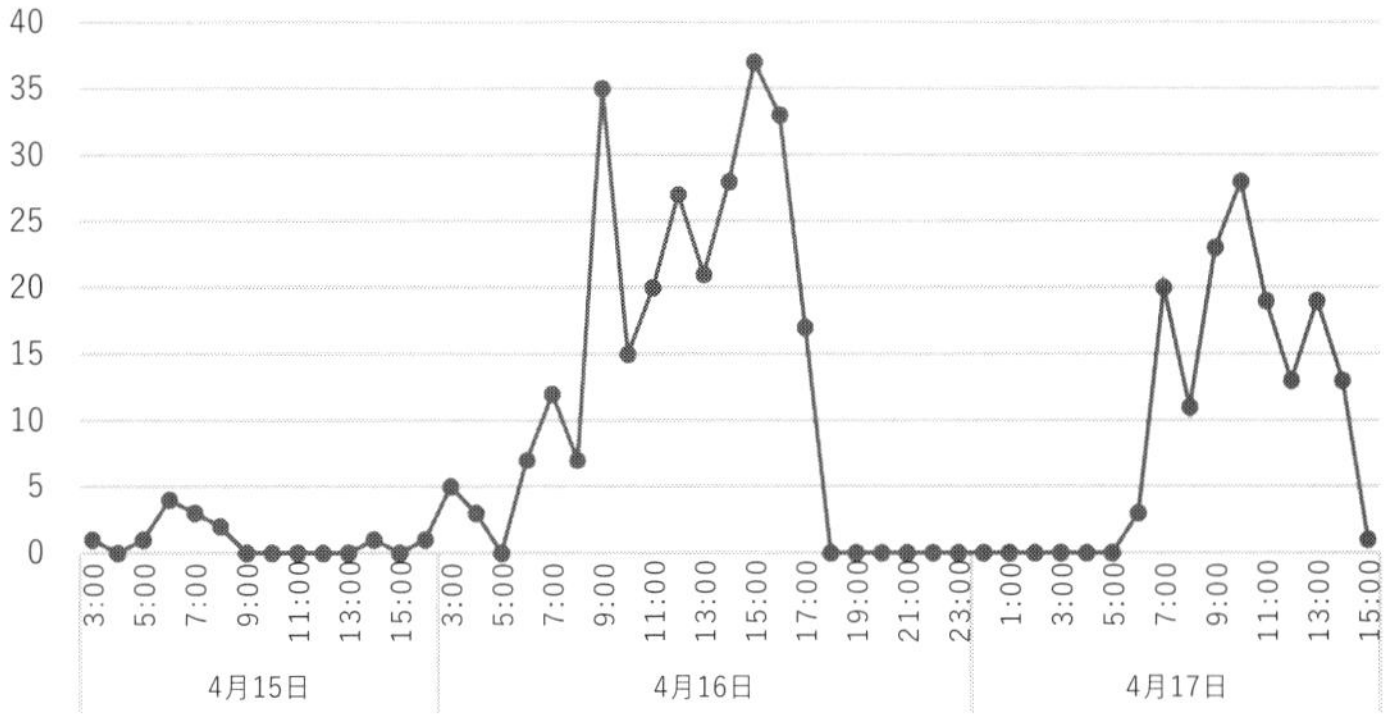

図8　メール受信件数（1時間ごと）

追うごとに増え、一六日午前九時台から午後四時台にかけてピークを迎える。特に午前九時台と午後三時台、午後四時台に多く寄せられている。また一七日の午前七時台から午後二時台にもそれより小さいピークがみられた。保管されていた最後の受信は一七日午後三時五一分であった。

　ところで、メールが存在しない時間帯がある。特に一六日午後六時台から一七日午前五時台は、それまで盛んに送られていたメールがぴたりと止まったようにみえる。はじめはこの時間帯のメールが紛失されたのではないかと考えた。あるいは夜を迎えるにあたって、夕食の配給など避難生活が忙しくなり、リスナーがラジオにメールを送るのをやめたのではないかと仮定した。そこで担当者に直接確認したところ、メールの件数が放送内容と連動していた可能性が明らかになった。当時の担当者H氏は「一六日午後六時から一七日早朝はちょうど〔特番の〕谷間の時間になります。特番にメールを送っていた方々は番組が終わったのでメールを送るのを止めたのだと思います」と回答した。自社制作の特番は前述の通り、一五日午前六時四〇分から正午と、一六日と一七日の両日、午前六時から午後六時まで放送された。特番の放送がなかった一六日午後六時から一七日午前六時までは、地震についての放送は随時地震速報を入れるのみだった。

しかしメールの機能を考えてみれば、電話受付などとは異なり、たとえ放送がなくても一方的に送っておくことができるはずである。ただパーソナリティーや他のリスナーの話に即座に反応してメールを送り、生放送で読み上げられる瞬間を期待するなら、放送中にそのつどメールを送るほうが一体感を感じられるだろう。本章ではＥ支援の要請とＦ申し出をめぐる双方向性、そしてＧ音楽をめぐる共感性を検証したが、そこでのメールは読み上げられることでリアルタイムのコミュニケーションツールとなっていた。このため、リアルタイムの双方向性を期待するリスナーは、メールが読み上げられる特番の時間帯以外にはメールを送らなかったのだと推測された。

さらに、この時間変化をＡからＨの八コードに分けて図９に示した。

被害情報などが少ない一四日の「前震」直後はＡ「個人の感情」やＣ「被害の報告」Ｄ「ラジオへの親しみ」のみで、具体的な支援要請などはまだない。しかし一六日の「本震」以降、Ｃ「被害の報告」とＡ「個人の感情」が増加するとともにＥ「支援の要請」が一六日午前九時台から午後一時台にかけて増えていく。一方Ｆ「支援の申し出」が増え始める最初のピークはそれより遅く一六日午前一一時台から午後〇時台にかけてである。件数でみればこのときはまだＥ「支援の要請」よりＦ「支援の申し出」が少ないが、午後一時台から二時台にかけて「申し出」が「要請」を上回る。そのあと再

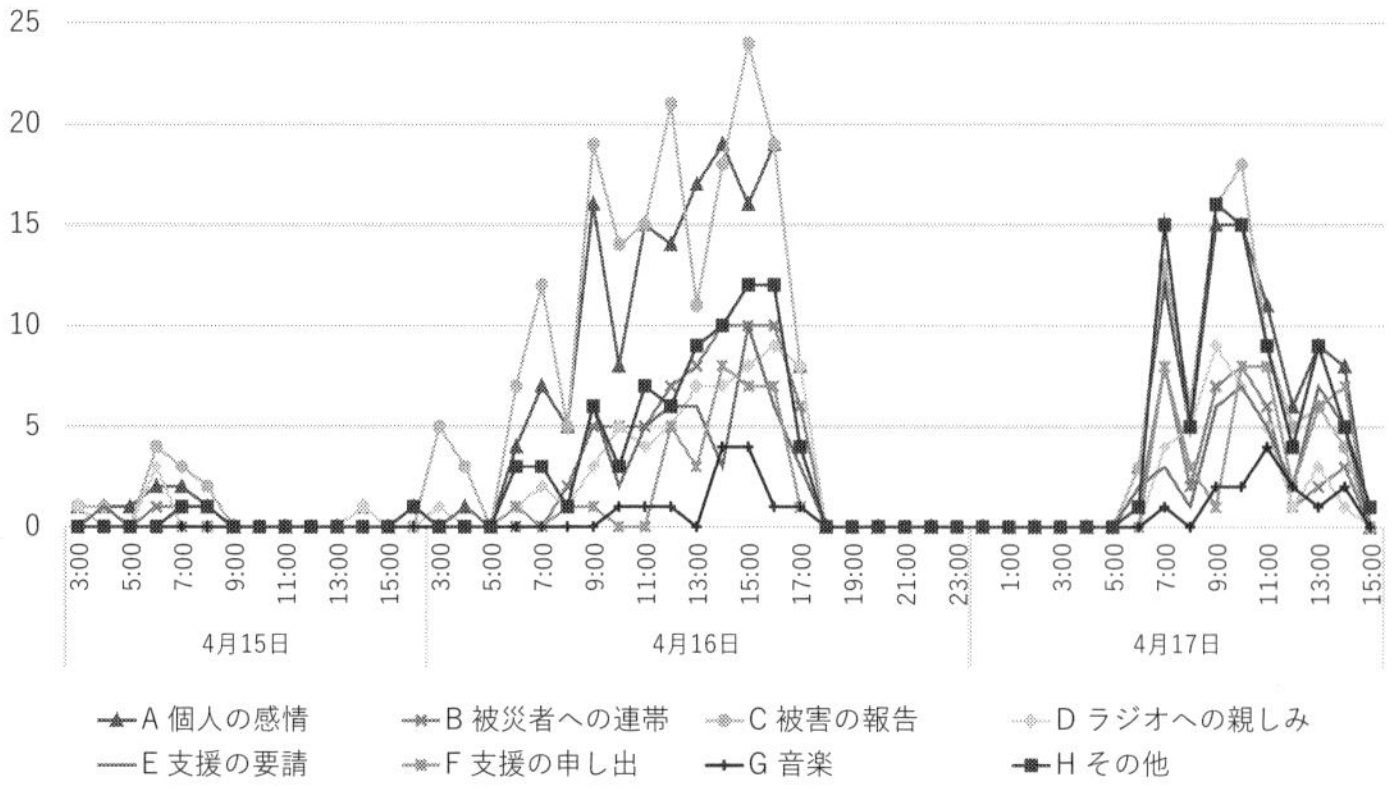

図9　メールを構成する8要素の時間的変化（1時間ごと）

び午後三時台には「要請」が「申し出」を上回り、午後六時台にかけて双方とも収束していく。B「被災者への連帯」とD「ラジオへの親しみ」は一六日午後二時台や午後四時台にかけて増加し、そのあと午後六時台に向かって収束する。一七日もA「個人の感情」とC「被害の報告」は件数として最も多いがE「支援の要請」とF「支援の申し出」をみると、午前七時台には「申し出」が「要請」を大きく上回っている。午前九時台には再び逆転して「要請」が増えるが午前一〇時台には「要請」に応えるように再び「申し出」が増えている。一方、G「音楽」は一六日の午後一時台から三時台にかけてひとつのピークがある。これは放送でアンパンマンのマーチが放送でかけられた午後二時台と一致しており、音楽に対する反響が反映されている。

ところで、図7に示したようにメール全体で多かったのはC「被害の報告」とA「個人の感情」であるが、メールが最も活発に送られていた時間帯（一六日午前七時台から午後三時台にかけて）においても、C「被害の報告」に次いでA「個人の感情」が多いことは特徴的である。もしリスナーが「生活情報」を重視するのであれば、E「支援の要請」やF「支援の申し出」が多くなっても不思議はないが、ピークの時間帯においても有用性のある情報より心情を打ち明けるような要素が多かった。このことからもリスナーが親近性や共感性をおぼえてメールを送っていたことが推測される。

おしまいに、リスナーの心情の時間変化を検証した。ラジオを聴くうちに心境の変化があったと思われるメールがあった。

「水は出ますが泥水です。飲めません、さすがに泣きそうになりましたけど皆さんの声が聞けて、感激して笑いも出てきました。気力、体力を回復させてがまだしまーす。」（四月一七日一〇時一七分）

ラジオから流れるリスナーのメールを聞くうちに孤独感が解消され、励まされ、時には緊張が解け笑いも出るようになったことが読み取れる。また、同じラジオネームで何度もメールを送っているリスナーのうち、未来に向かう希望を述べるまでになったリスナーもいた（強調および〔 〕内は筆者）。

「〇〇〔地名〕ですが家の中はひっちゃかめっちゃか〔原文ママ〕、壁ははがされ夜中から駐車場の車の中にいます。近所の方々も一緒です。今は耐えるのみです。みなさん気を強く持って頑張

りましょう」（四月一六日九時三二分）

「〇〇〔地名〕のコープでいま水とパンを配ってます」（四月一六日九時五〇分）

「さてそろそろ困ってくるのが飲み水、それから風呂にはいりたいですね。できれば動いている温泉施設の情報が欲しいです。皆さんもう少しの辛抱です。周りの人達と支えあって心を強く持って頑張りましょう。悪い事はいつまでも続かない、必ずや以前のような生活に戻ります。もう少しの辛抱です」（四月一七日六時五〇分）

これらのメールには、被災後の疲れ、絶望感などから自分を奮い立たせ、他のリスナーに語りかける心の動きが現れている。この背中を押したのは「皆さん」（ラジオであり同じ被災者であり県外からの支援者）であることが表現されており、ここにもラジオの共感性をみることができる。

6　地震ひと月後のメール

ここまで、熊本地震発生から三日間に寄せられたリスナーのメールを分析したが、地震一か月後においても、ラジオへの共感を示すメールが送られていた。以下はＦＭ補完局（通称ワイドＦＭ）の開局を記念する特別番組（二〇一六年五月一日・二日放送）などに寄せられたメールである（〔117〕）。民放ＡＭ局では災害対策や難聴取区域の解消のため二〇一一年から順次、ワイドＦＭによる放送が進められ、ＲＫＫラジオでも熊本地震時、五月一日の本放送に向けワイドＦＭの試験放送中であった（現在は全民放ＡＭがワイドＦＭ化を完了）。ワイドＦＭは被害が大きかった西原村、南阿蘇村の一部、御船町、熊本市でも聴取できる状態であり、避難所など通常のＡＭ電波が届きにくい場所でもよく聞こえたという。以下にそのメールを示す（〔　〕内は筆者）。

「地震後１ヶ月。今避難所にいますが、避難所でもクリアに聞こえます。震災直後に自分の投稿を聞いた叔母が、私が無事だと知り安心したとの報告がありました。ラジオの良さを感じました。」（住所不明）

「余震続きの毎日におびえるばかりでした。そんな中、心の支えになったのがＲＫＫラジオです。特に、絢香の「みんな空の下」の歌詞「ひとりじゃないよみんな空の下」にとても励まされ、涙が出ました。ＦＭで聞くと、尚いい曲だと思います。」（荒尾市）

「スマホでラジオを聞いていましたが、すぐにバッテリーも減ってきたため避難所で、ＦＭ対応ラジオに切り替えました。はっきりと聞きやすく良かったです。スマホは使わずずっとワイドＦＭを聞いていました。」（住所不明）

「避難所くらしも長くなり、最初は情報収集の為に使っていましたが今では、聴き方が変わってきたように感じます。貼紙など〔行政からの情報〕は、手に入るので、情報というより、人の声・暖かさを求めて〔ワイドＦＭ〕ラジオを聴いている感じがします。実際に、ラジオにはとて

も癒されます。」（住所不明）

これらのメールから読み取れるのは、長引く避難生活のなかでリスナーがラジオで流れる音楽や人の声から力を得ていた点である。放送技術向上の重要性はもちろんだが、復興過程においてもラジオの災害放送には共感性が必要とされているといえる。

7　ソーシャルメディアとの比較

おしまいに、ソーシャルメディアで扱われた情報との比較を述べる。ＲＫＫでは熊本地震発生時、テレビ、ラジオによる放送のほか、ＲＫＫの公式アカウントによるTwitter（当時）でも災害情報を発信した。そして当時のTwitter担当者Ｔ氏へのヒアリング（二〇二〇年三月二六日）により、ラジオとの違いが明らかになった。Ｔ氏は、Twitterに出す情報は公式発表や公的機関が出す情報に絞っていたと答えた。編集を加えた場合でも、情報をまとめ「ＲＫＫ調べ」として出すにとどめたとのことである。Twitterがラジオと異なる点について、Ｔ氏は次のように話している。

ラジオに入ってくるリスナーさんからの情報ですね、これはもう非常にやっぱりホットな情報で、どことかで炊き出し始まってますよ、みたいなのが入ってくるんですけど、これはもう本当にラジオではですね、とても良い情報として扱えるわけなんですけども、やはりここもＳＮＳで扱うにあたっては裏取りが必要ですので。最初はＲＫＫリスナー情報ということでですね、出そうかと思ったんですけど、これちょっと手に負えないかなというところで、わりと最初のほうからもう無視し始めました。逆にこっちに入ってきた情報がもしあればラジオのほうに流すだったりとか、何かのきっかけで入ってきちゃった情報なんていうのは、ラジオに渡すっていう意識は持ってましたね。

Twitterが一般リスナーからの情報をそのまま流すことには、いわゆる「炎上」といった大きなリスクがともなうという判断である。Twitterでは過去の投稿がにわかに注目され、いわば「蒸し返される」現象も多い。災害直後、次々と情報が更新される時期にはTwitterの扱いも慎重にならざるをえなかっただろう。むしろラジオの放送の中心はTwitterが扱わないリスナーからの情報や、情報とはいえない共感の交流であったことが、このヒアリングで鮮明になった。

8　まとめ――リスナーにとっての「共感放送」

本章では熊本地震（二〇一六年）の際に、熊本県域を放送エリアとする民放のＲＫＫラジオに寄せられたリスナーからのメールを「共感性」に着目して分析した。まずKH Coderによる頻出語から全体の傾向を分析すると、メールの文面には被害や避難生活を示す語のほか、「ラジオ」に関する語が頻出していた。また共起ネットワーク図によって語と語の共起関係を調べると、それら以外に被災者を見舞うなど共感性を示すグループが存在していた。次に「皆さん」「皆様」という語に着目し分析すると、ラジオへの呼びかけだけでなく、被災地の外から被災者への呼びかけと、被災者から他の被災者への呼びかけが行われていたことがわかり、共感性を見いだすことができた。続いてメール本文に対してコーディングを行い、八つの要素（Ａ「個人の感情」、Ｂ「被災者への連帯」、Ｃ「被害の報告」、Ｄ「ラジオへの親しみ」、Ｅ「支援の要請」、Ｆ「支援の申し出」、Ｇ「音楽」、Ｈ「その他」）を抽出した。それぞれの要素が使用された文面を検証すると、いずれにも共感性を示すメールが含まれていた。特にＥ「支援の要請」とＦ「支援の申し出」との間には双方向性がみられ、助けを求めるリスナーに別のリスナーが手を差し伸べるための「掲示板」の役割をラジオが果たしていたことがわかった。またＧ「音楽」ではリクエストに応え「アンパンマンのマーチ」を放送したことによって「気持ちが明るくなった」との反響が次々に寄せられていた。これらのことから①親近性や②双方向性だけでなく③余白性がラジオにとって重要な要素であることがわかった。ラジオが一方的に情報を提供するのではなく余白の時間をとることによって、リスナーがラジオと協働して余白を埋める作業をしていたといえる。次にメールの時間的変化を分析すると、リスナーは地震特番の時間帯以外にはメールを送っておらず、双方向のリアルタイムコミュニケーションを求めていたことがわかった。

第３章では、災害放送の四パターン（防災放送、被害報道、安否放送、生活情報）のほかに、リス

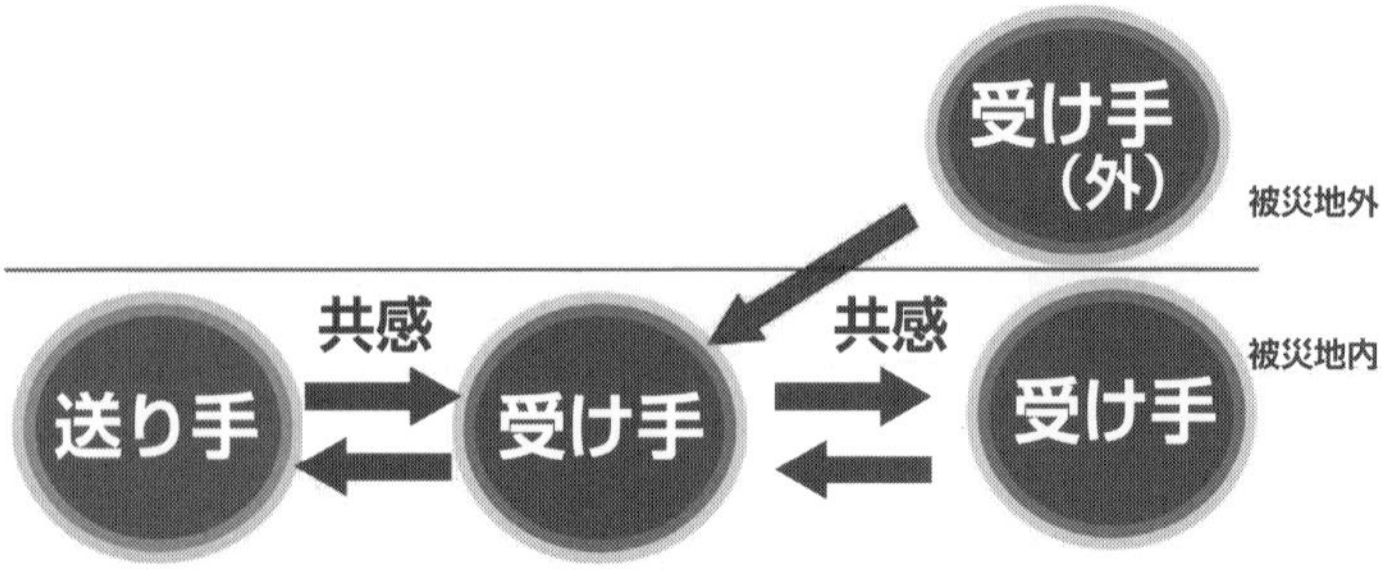

図10　リスナーのメールを介した共感

ナーの置かれた状況に寄り添い共感することでラジオが励ましや音楽などを提供する「共感放送」の機能があることが見いだされたが、本章ではこの「共感放送」が図10のようにリスナーの側からも成立していたことが新たにわかった。

ラジオには従来から弱い立場の人々に寄り添うことも求められてきた。メールでは災害時に要支援者となる視覚障がい者や高齢者の立場からの発信もあった。たとえば高齢の母親と重度障がい者の世帯だというリスナーは、被害を受け「どうしたら良いか分かりません。先程、１１０番に「助けて下さい」と電話をしたら怒られました」（四月一七日一〇時三四分）と途方に暮れてメールを送っていた。また被災地の老人ホームのスタッフからのＦＡＸには、ライフラインがすべて停止したホームの中で八〇代、九〇代の高齢者らが身を寄せ合いながら何とか命をつないでいることが書かれていた。「職員が、携帯で九電（九州電力）や市役所に電話をかけますが、テープの自動返答のみです。つまり、だれにも、助けを伝えられない状態なのです。ＲＫＫで電波で、老人ホームの声を届けてください。」（日付不明）という叫びは、ホームのＦＡＸが通じずスタッフが自宅から送ったものである。このような状況で頼れるのはラジオだけだったのかもしれない。これらの声が放送されることによって他のリスナーや公的機関が助けに乗り出すという次のアクションの可能性をラジオが引き出すことも、ラジオの重要な役割である。

ただそこまでの要請に至らない「共感」を受け止めることもラジオならではの役割であることをリスナーからのメールは示している。たとえば消防団の助けを借りながら真夜中に四時間かけて歩き避難所へ入った視覚障がい者のリスナーは「視覚障がい者の方明るいうちに避難場所に避難してください」（四月一六日一四時四二分）との助言を送り、東日本大震災で被災した視覚障がい者のリスナーは「みなさんの周囲に、障害のある方がいたら、どうか、手をかして差し上げてください」（四月一七日一一時四五分）と呼びかけていた。

災害直後だけでなく復興過程では被災者の声を聴くことが何よりも重要であり、被災者のニーズに応えることで復興のエネルギーを引き出し、被災者の背中を押すことができる。災害時のラジオは被災者に有用な情報を提供するだけでなく、被災者に共感し小さなつぶやきもくみ取る余白を持つことで、他のメディアにない役割を果たす可能性がある。災害直後から復興に至るまで、ラジオは日常で培われた親近性を基盤とした「共感放送」を災害放送の第五のパターンとして位置づけていくことが求められる。

第5章　災害放送を長期継続する意味

第3章と第4章では、ラジオの災害放送に「共感放送」と呼べるパターンがあることが、送り手と受け手双方の視点から明らかになった。しかし減災コミュニケーションにとって重要なのは、災害放送を災害直後で終わらせないことである。特に大災害においては復興の過程をつぶさに検証し、長期的な被災者のニーズに応える長期の災害放送が必要とされる。それが認識されたのは阪神・淡路大震災（一九九五年）であった。本章では、阪神・淡路大震災を契機に始まったラジオの長期災害放送の内容を検証し、共感性とともにサイクル性について分析する。災害対応では「災害対応サイクル」という考え方があり、発生から応急対応、復旧・復興を経て被害抑止・軽減に至るサイクルを循環させることが望ましいとされている。防災機関としての放送においてもこのサイクルに則した報道を行い、被害抑止・軽減に貢献することが求められる。そこで、災害対応サイクルに則した報道のあるべき姿や課題を明らかにするため、阪神・淡路大震災以来現在も継続するラジオの災害番組を対象に、放送内容の特徴とその変化を分析した。

1　阪神・淡路大震災で生まれたラジオ番組

写真13　「ネットワーク１・17」（番組HPより）

本章で扱う番組「ネットワーク1・17」は一九九五年一月一七日の阪神・淡路大震災で生まれたつながり（＝ネットワーク）を大切にするというコンセプトのもと「被災者に向けた、被災者のための、被災者の支えとなる番組」（[80]）として同年四月一五日、ＭＢＳラジオ（本社・大阪市）が放送を開始した。開始から二八年以上が経過した現在は毎週日曜午前五時半から六時の放送で、阪神・淡路大震災や東日本大震災でボランティアを経験したラジオＤＪの西村愛がパーソナリティーを務めている（二〇二三年六月現在）。

番組発足については阪神・淡路大震災の際の災害放送を抜きに語ることはできない。震災以前には「関西には地震がない」と一般の人々の間に漠然とした思い込みがあり、放送局も十分に災害放送の準備ができていたとは言い難い状況であった。神戸に本社があった県域放送局のラジオ関西（以下、ＣＲ）は地震と同時に停電し一三分五秒停波した。社屋も大きな被害を受けたが記者がひたすら被災地を取材して直接被災者の声を伝え、大きな支持を得た。本社が大阪にある広域放送局も同様であった。ＭＢＳ本社も被害を受け、自宅が全壊するなどした社員も少なくなかった。災害は未経験という記者やスタッフがほとんどだったが、被災者が求める情報は何かを考え、手探りで災害放送を構築していった。地震直後、ＭＢＳラジオは即座に三つの方針を決定した。「被災地に向けた放送に徹すること」「行政に対しては批判よりも提言を重視すること」「可能な限り震災報道を続けること」である。ＭＢＳラジオは広域放送局である。放送は近畿二府四県と四国の徳島県まで届く。被災していないリスナーも聴取しているラジオで、被災地向けの放送に特化すると決めたのだ。当時のラジオ局長によって示された指針であったが、当時のラジオ編成部長も同様の思いで「局長、これはもう、とことんやりましょうな」と話したことが記録に残っている（[77]二三八頁）。この方針のもと二四九時間四〇分、一二日間に及ぶ特別編成を続け、救援物資や給水、銭湯、ライフライン情報などの生活情報をきめ細かく伝えた。このうち最初の四八時間はＣＭなしの放送であった（[77]七、一〇六頁、[78]三五一頁）。とはいえ、平時からテレビ並みの報道体制があるわけでもなく社員・スタッフも被災していたラジオでは、放送の中心はリスナーからの情報だった。被災地で何が起きているのか、どの道が通れるのか、どの商店が営業しどこで必要な物資を手に入れることができるのか、さらには自宅の井戸水を使ってほしいといった支援の情報が寄せられた。日常からリスナーの意見を募り、直接電話もつなぐ双方向の番組づくりをしていたため、

写真14　震災当時のMBSラジオの電リク室①（提供：MBSラジオ）

各番組共通の受付電話番号を記憶しているリスナーが多かったと考えられる。受話器を置けばすぐに次の電話が鳴るといった状態で電リク室[1]に並んだ電話が鳴り続けた（写真14、写真15）。それを聞き取り、メモにしてスタジオに入れた当時の電話オペレーターらは、筆者のヒアリング調査（二〇二〇年一月二〇日）に対し、震災直後、主に①個人からの情報提供（〇〇店が営業している、〇〇線は運行している、など）、②問い合わせ（自分の町の銭湯の営業情報など）、③安否確認（家族・知人の安否が知りたい）の三種類の電話を受けたと話している。またはじめは「助けてほしい」という電話よりも「被災者を助けたい」という電話が多かったとオペレーターらは振り返っている。

なお、同時期にMBSの視聴者センター[2]に寄せられた電話の内容について学術目的で提供を受けた。一九九五年一月一七日以降三一日までの間に寄せられた阪神・淡路大震災関連の電話は二三五九件で、テレビ二〇一六件（八五%）、ラジオ二八三件（一二%）、その他六〇件（三%）で

写真15　震災当時のMBSラジオの電リク室②（提供：MBSラジオ）

あった。最も多かった内容は「局への意見」（四三六件、一八・五％）で、「ヘリコプターには取材よりも救援に協力してほしい。たくさんのヘリが低空で飛んでうるさいうえに、くずれかけている瓦が落ちて危険だから低空で飛ばさないでほしい」「リポーターがおにぎりをもらって食べたと言ったがけしからん。救援物資が足りないと言っているのに、取材に来るときは、カンパンでもパンでも持ってきてほしい」「被災地は大変なのに、××〔東京発の番組名〕でおいしそうな温かいものばかり食べている映像は被災地の

（1）電話リクエスト室の略称。音楽リクエストや意見を共通の電話番号で受け付けるための複数の電話機が並んだスペース。オペレーターらが電話機の前に座り電話を受けてメモを取った内容が放送に生かされるしくみ。現在のようにメールが主流となるまでは、電リク室にかかってくるリスナーからの電話はラジオの双方向番組を構成する重要な要素であった。

（2）視聴者からの意見や問い合わせを受け付ける総合窓口。

人に配慮が足りない」といったものであった。次に多かったのは安否不明の人たちの問い合わせ先を尋ねる内容（三三六件、一四・二％）で「友人、知人の消息、安否の呼びかけを放送でやってほしい」、またボランティアに関する内容（二三五件、一〇・〇％）として「救援物資の送り先や被災地への交通アクセス、医療情報など教えてほしい」といった電話が寄せられた。テレビについては東京発の番組が多く放送される事情もあり、意見や苦情が上回るかたちとなった。この点はラジオとの相違である。

ラジオではリスナーの声がその後も電リク室に寄せられ、ライフラインをはじめとする生活情報が必要とされたため、MBSラジオはレギュラー番組が復活した一月二九日以降も震災の放送を続け、一月三〇日から三月三〇日まで「がんばれ！被災地の皆さん」（月～木曜、午後七～一〇時）を編成した（[118]三四九-三五二頁）。この番組では毎回、神戸市・西宮市の災害対策本部、中継車、そして被災地を回る「遊撃班」のあわせて四か所からの中継によって被災地の現状をリポートした。またスタジオでは生活情報やニュースを伝え、リスナーからのおたよりを紹介した。四月の番組改編にともないこの番組が終了、これを引き継ぐかたちで「ネットワーク1・17」が誕生した（土曜、午後五時一〇分～五時四五分）。番組は阪神・淡路大震災の反省から始まったといってもいい。地域の放送局として日頃から地震の危険性を伝えることができていたのか、事前に放送していればこれほど多くの犠牲を出さずにすんだのではないか……。そこで被災した人たちに寄り添い必要な情報を伝えようと、手探りで番組をスタートさせた。当初はライフラインの復旧状況や行政・ボランティアの支援情報など伝えるべきことはあまりに多く、三五分におさまりきらないほどだったという（[119]）。放送はパーソナリティーが進行し、ゲスト出演者などとの対話によってその日のテーマを掘り下げる「トーク番組」の形式である。初代パーソナリティーはライフラインの専門家である安部誠治（関西大学教授・当時）と神戸で被災した魚住由紀（フリーアナウンサー）（写真16）で、制作者も含め全員が被災者であった。番組立ち上げのコンセプトについて、初代プロデューサー[3]は「仮設住宅が解消されるまではこの番組はやり続ける、伊勢湾台風の経験から、数十年は続ける覚悟で会社を説得した」と話している（[120]四一頁）。その後、番組は、パーソナリティーや制作者の交代、放送枠の変更を経て、現在まで継続している。聴取率は最大で二・四％、平均〇・九％で、放送エリア人口二一七〇万人に当てはめると最大五二万人、平均一九万五〇〇〇人が聴取してきたことになる[4]。筆者は番組発足三年後の一九

（3）ラジオ番組のプロデューサーの役割は番組の方向性を打ち出し放送内容に対する責任を負うことである。パーソナリティーの人選はプロデューサーが行うがラジオ局内（編成部やラジオ局長など）の承認が必要で、パーソナリティー交代をラジオ局内から命じられることもある。各回の放送内容・テーマの決定、出演交渉、打ち合わせは担当ディレクターが行い、プロデューサーが監督・承認する。ただし「ネットワーク1・17」の場合、通常はディレクターとプロデューサーが各一名で、専属ディレクターがいない時期もあった。このためプロデューサーも「ディレクター」として少なからず番組制作にかかわっている。また放送番組は原則、毎年二回の改編時期に編成によって継続・終了の判断を受け、プロデューサーに番組継続の決定権はない。

（4）ＭＢＳラジオから学術目的で資料提供を受けた二〇一九年六月現在のデータ。

写真16　初代パーソナリティー　安部誠治と魚住由紀（提供：MBSラジオ）

九八年から二〇一〇年までの一二年間、プロデューサーとしてこの番組を担当した。

2　災害対応サイクルと長期の災害放送

ところで、災害時の放送が防災機関としての役割を期待されていることはすでに述べた。また放送法第一〇八条においても、災害の発生を予防し、またはその被害を軽減するために役立つ放送をするようにしなければならない（たとえば［30］）とされている。ただ放送期間に関する特段の定めはなく、目前に迫った災害に対する防災・減災のための放送を定めた法律とも解釈可能である。しかしながら本当に直前の啓発放送のみが求められているのだろうか。

そこで、アメリカ緊急事態管理庁（以下、ＦＥＭＡ）の災害対応に着目した。ＦＥＭＡは災害対応を図11のように Preparedness（被害軽減）、Response（対応）、Recovery（復旧）、Mitigation（被害抑止）の四つのフェーズに分け、訓練を実施してい

図11　FEMAの災害対応サイクル（日本語は筆者が加筆）

る（たとえば［121］Page4_2、［122］Page5_3-Page5_5）。この考え方は広く取り入れられており、ラジオもこれに則したかたちでフェーズに応じた適切な内容を提供し、災害直後の緊急時から復旧・復興、そして防災・減災に至るまで災害放送を続けることによって、災害の予防と被害軽減に貢献できる可能性がある。サイクルが何年で循環するのかについては一概にいうことはできないが、被害軽減のための事前準備から次の災害の被害抑止に至るまで長期に及ぶことは想像できる。したがって災害放送もこのサイクルに則し長期継続を求められることになる。

3　長期災害放送が論じられてこなかった理由

ところが、これまでラジオで長期の災害放送が分析された例はあまりみられない。むろん、サイクルのそれぞれのフェーズについての分析は数多く行われている。災害対応サイクルにおけるResponse（対応）の時期もそのひとつである。この時期は災害直後にあたり、二次災害の防止を呼びかける「防災放送」と視聴者の安否連絡の媒体として機能する「安否放送」がとりわけ重要である（［123］二三六頁］）。阪神・淡路大震災では災害発生から二時間に絞り、時系列に沿って各ラジオ局の放送内容を分析した例があり、被災地の状況把握や住民への安全行動の指針となる有益な情報を提供することの重要性が述べられている（［124］）。また「安否放送」についても、被災した神戸の地元局ＣＲなどが行った安否放送を分析し、評価すべき点と反省点を指摘した研究がある（［125］）。

一方、災害対応サイクルのRecovery（復旧）の時期にあたる分析も存在する。阪神・淡路大震災の翌月一九九五年二月には臨災局が制度化され、新潟県中越地震や東日本大震災、熊本地震などで設立された。それらの放送内容を分析し、機能を考察した研究のなかには、たとえば東日本大震災後に開局した宮城県亘理《わたり》郡山元町の「りんごラジオ」を対象とした研究（［39］［126］）があり、臨災局が担う特徴的な機能を整理し、地域コミュニティの復興過程における役割について考察している。ただ臨災局は災害時のみに設置され、現在はすべて閉局している（コミュニティＦＭとして継続しているものはある）。このことから臨災局を対象に、災害対応サイクル全体を俯瞰した検証をするのは困難であるといえる。

実は阪神・淡路大震災発生後、被災地を中心に、被災者の声や防災・減災に関する話題のみを扱うラジオの災害番組がＮＨＫ・民放を含め複数誕生した。しかし時がたつにつれ、ひとつまたひとつと番組は終了していった。現在、神戸のＣＲでは同種の災害番組はなく、東日本大震災後、新たに災害番組ではない情報番組の一部として災害コーナーを開始した（二〇二三年六月現在は月一回）。またＮＨＫと民放の共同制作で放送されてきた災害番組「関西発いのちのラジオ」（年一回）も特別番組の同時放送という形態を終了している。当時から継続しているのはただひとつの番組となった。それが、本章で扱うＭＢＳラジオの「ネットワーク１・17」である。災害を定期的・継続的に放送し続けることと自体が非常に難しいために、長期災害放送の分析もほとんど行われてこなかった。本章が「ネットワーク１・17」に着目するのは、長期災害放送を分析できる唯一の事例と考えられるからである。

４　「ネットワーク１・17」の分析

「ネットワーク１・17」を分析するにあたって手がかりを探した。すると放送進行表（別名Ｑシート。メインテーマ・出演者名・トークの項目・中継などの放送形態・使用楽曲などが記載され、出演者やディレクターはこれを見ながら番組を進行する。写真17参照）のほか、番組を録音したカセットテープやファイルなどの音源、取材で用いた資料、リスナーから寄せられたお便りの一部、新聞・ＳＮＳへの告知や写真を含む広報資料などが保管されていることがわかった（一部は紛失）。学術目的でこれらの提供を受けた。

さらに、初回放送（一九九五年四月一五日）から二〇一九年四月二八日放送分まではあるが、放

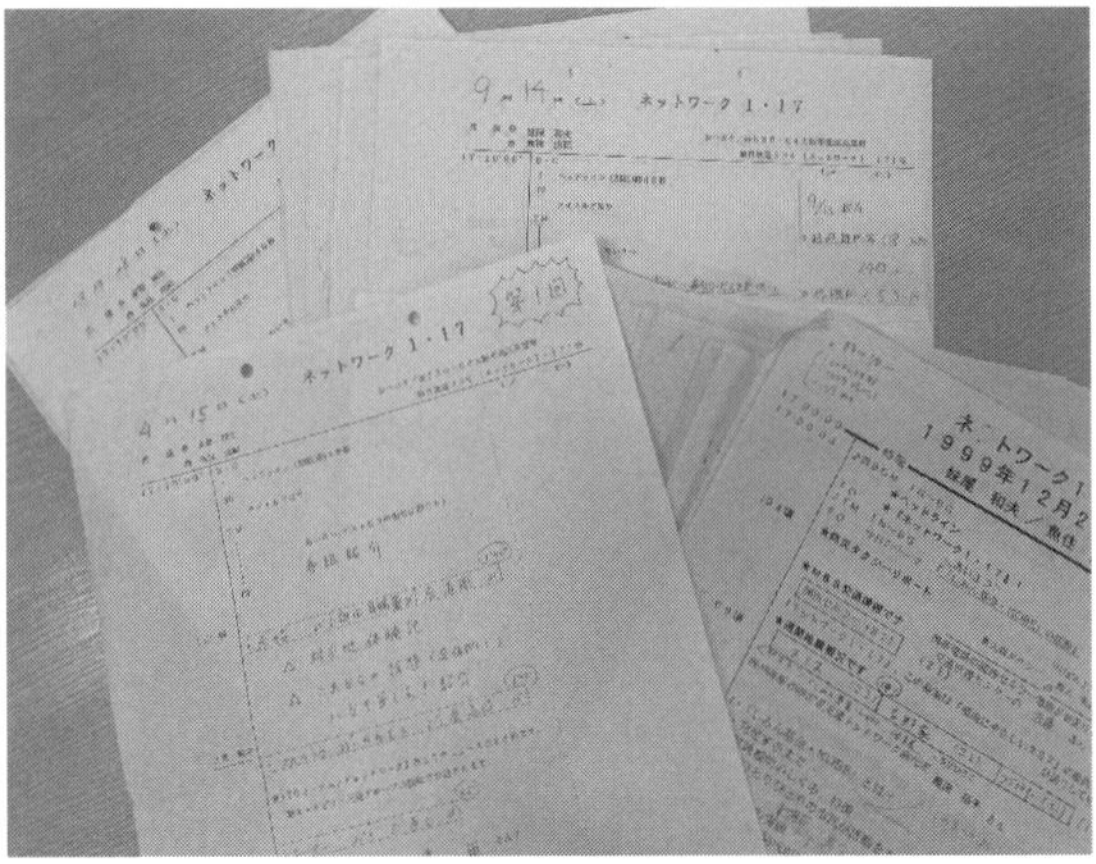

写真17　放送進行表（Qシート）（筆者撮影）

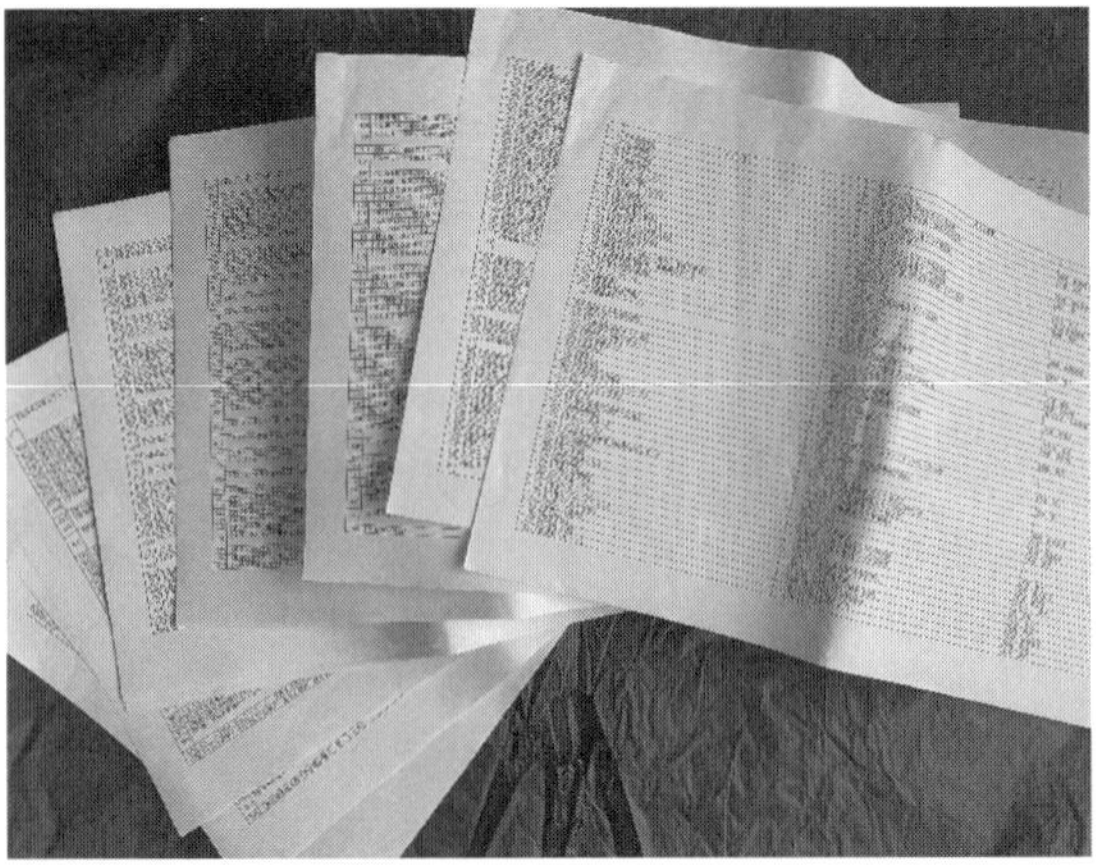

写真18　放送進行表などをもとにまとめられた「一覧表」（筆者撮影）

表11　「放送記録」の一例

放送回	メインテーマ	放送日	ゲスト肩書	ゲスト
99	「仮設ネットワークの1年」	1997.03.22	神戸仮設住宅ネットワーク代表世話人	安田秋成
100	「番組開始から2年、被災地の現状は」	1997.03.29	なし	
101	「文通で被災地発の国際交流を」	1997.04.05	ボランティアグループ神戸地球村　代表	赤松敦子
102	「加古川、姫路、高砂の仮設住宅団地は今」	1997.04.12	加古川YMCAメンバー	永戸昌和
103	「神戸港、復旧完了。しかし…」	1997.04.19	関西大学教授	安部誠治
104	「ユーラシアを越えて～世界の被災地は」	1997.04.26	「FMわぃわぃ」DJ兼プロデューサー	日比野純一 吉富志津代
105	「公的援助の実現をめぐって」	1997.05.03	弁護士	伊賀興一
106	「水族館、災害時の対応と役割」	1997.05.10	神戸市立須磨海浜水族園	房安昌志
107	「日本初の災害救助犬訓練場から」	1997.05.17	日本レスキュー協会本部長	大山直高
108	「コレクティブ・ハウジングを考える」	1997.05.24	まちづくりプランナー	石東直子
109	「被災地の定住外国人は今」	1997.05.31	神戸定住外国人支援センター	金宣吉
110	「実現なるか、被災者への公的支援」	1997.06.07	弁護士	伊賀興一
111	「被災地のお年寄りに手紙を」	1997.06.14	コリアボランティア協会　代表代理	山田裕子
112	「共同再建を考える」	1997.06.21	まちづくりプランナー	野崎隆一
113	「被災地に緑を」	1997.06.28	ランドスケープ復興支援会議	中瀬勲
114	「県外避難者とボランティアの声」	1997.07.05	県外避難者支援全国ボラネット	中西光子
115	「公的支援を兵庫県知事に聞く」	1997.07.12	兵庫県知事／弁護士	貝原俊民 伊賀興一

送進行表などをもとに放送日・メインテーマ（以下、テーマ）・ゲスト名を抜き出した一覧表が作成されていた（写真18）。

そこで本章ではこの一覧表を「放送記録」と呼び、分析のひとつの手がかりとすることにした。対象期間の放送は一二四六回であるが、番組編成上の理由で休止となった回もあり、分析対象は一一八三回となる。

放送記録の一例を表11に示す。

この記録に基づき「放送内容」と「ゲスト出演者」

を中心に分析を試みることにした。まず「放送内容」を表すものとしてテーマを用いることにした。テーマはその日の放送内容を短い言葉で表したもので、新聞の見出しのような役割を果たす。テーマを決めるのはその日の放送を担当するディレクターである。前週には放送やＨＰ、新聞、Twitter（現・X）上などで予告するほか、放送当日には番組の冒頭で「きょうのテーマは避難所の感染予防対策です」などと読み上げる。トーク番組である「ネットワーク1・17」には詳細な「台本」は存在しないため、音声記録を除いてはテーマが唯一の放送内容の手がかりとなる。ただし番組開始当時は必ずしもテーマを読み上げてはいない。このため文字数は短いもので「観光」の二文字、長いもので「震災10年ネットワーク1・17スペシャル　未来へ伝えたいこと、繰り返したくはないこと」の三九文字となる。

　過去記事の閲覧が印刷物によって可能な新聞と違い、ラジオの放送は多くが一度きりで、閲覧可能なデータが蓄積されることは少ない。このことも長期災害放送の分析を難しくしている要因のひとつである。ただこの番組では、二〇〇二年五月四日以降についてはＨＰ上で放送日・テーマ・ゲスト名と放送内容の抜粋を公開しており、それ以前についても「放送によってすでに公開された」との認識に基づき、問い合わせがあれば情報公開を行っている。

　「テーマ」が分析対象になりえるかについては、先行研究を参考にした。解析結果が分析者や評価者の経験や能力に影響を受けることが少ない（〔127〕三〇五頁）とされるテキストマイニングを用いた研究として、学会誌の論文タイトルから研究領域における情報の動向を分析したものがあり「論文の構造化されたデータのなかで最も端的に論文の内容を顕しているのが論文タイトルである」とされている（[128]三一六頁）。ラジオ番組に当てはめると、テーマは番組データのなかで最も端的にその日の放送内容を表しているといえる。このことを踏まえ、テーマをもとに放送内容を推定する手法を採用することにした。

次に「ゲスト出演者」を分析対象に含めたのは、番組が主にパーソナリティーとゲストとの対話によって構成されているため、ゲストの属性がその日の放送内容の特徴を表しうると考えたからである。なお筆者は第1節で述べた通り、かつてこの番組のプロデューサーを務めた当事者のひとりである。放送内容やゲストは、被災地のニーズを反映した災害対応サイクルに則してというよりは筆者を含めた歴代プロデューサーの意図した通りに変遷した可能性は否定できない。しかし番組開始当初は長期にわたり継続する保証はなく、短期的な番組制作の意図の積み重ねがどのような変遷を生んだのか、というプロセスの再整理を当事者のひとりが客観的な分析結果から行うことには意味があると考える。なお、本章では当事者しか知りえない情報をもとに番組制作の経緯を記述している部分があるが、同時に客観的データを可能な限り多く用いて分析を加えている。

本章ではまず第4章でも使用した計量テキスト分析ソフトKH Coderを用い、各回のテーマに用いられた語の傾向を分析する。次に番組の時期を三つに区分し、放送内容とゲストの変遷を分析する。そしてこれらの結果から、災害対応サイクルに沿ったラジオの長期の災害放送のあり方を考察する。

5　テーマに使用された言葉

ここでは放送が実施された一一八三回について、テーマに使用された頻出語をKH Coderによって解析するとともに共起ネットワーク図を描き、語の連関を調べる。まず自動的に切り出された頻出語の上位一五〇語は表12のようになる。

災害時における放送の役割について、第1章・第2章で述べた廣井脩は「被害状況を報道する役割」「地域住民の生命と財産を保護する役割」とした（［19］七頁）。これに照らし合わせ、頻出語では「災害」「支援」「被災地」に関連する語に着目した。

頻出語の一位が「地震」、三位から六位までが「震災」「防災」「大震災」「災害」で、災害に関する語が上位を占めている。また二位の「被災」をはじめ、「避難」「復興」「住宅」「支援」「ボランティア」「仮設」「活動」「守る」といった、支援に関連する語が三〇回以上出現している。さらに「東日本」「阪神」「淡路」「神戸」など被災地の地名が同じく三〇回以上出現している。三〇回以上の頻出語二八語のうち二〇語はこれら「災害」「支援」「被災地」に関する語で、それ以外の八語は「休止」「中継」「番組」「野球」「シリーズ」「リポート」「今」「考える」であった。このうち、「考える」は実際のテーマでは「被災者の心と体の健康を考える」などその日の議題を表す言葉とともに用いられていた。その他の七語については、図12に示す共起ネットワーク図で使われ方をみることとする。

表12 「テーマ」に使用された頻出語（上位150語）

抽出語	出現回数	抽出語	出現回数	抽出語	出現回数	抽出語	出現回数	抽出語	出現回数
地震	232	ネットワーク	28	中越	15	声	10	調査	8
被災	170	人々	28	ナイター	14	大学生	10	日	8
震災	137	南海	27	見る	14	地域	10	日本	8
防災	125	大阪	26	交流	14	特別	10	半年	8
大震災	122	現状	25	障害	14	聞く	10	備え	8
災害	94	豪雨	24	台風	14	スタート	9	亡くす	8
東日本	72	報告	24	被害	14	トラフ	9	未来	8
避難	71	学ぶ	23	近畿	13	ラジオ	9	和歌山	8
休止	70	備える	22	公的	13	家	9	NPO	7
阪神	60	命	20	体験	13	記憶	9	たより	7
中継	60	取り組み	19	知る	13	宮城	9	火災	7
復興	59	問題	19	いま	12	強い	9	関西	7
住宅	53	教訓	18	紹介	12	高校生	9	起きる	7
津波	53	新潟	18	長田	12	人	9	救う	7
番組	51	年	18	都市	12	台湾	9	巨大	7
野球	50	放送	18	福島	12	変わる	9	研究	7
シリーズ	46	スペシャル	17	デーゲーム	11	北部	9	困難	7
淡路	43	生活	17	遺児	11	キャンプ	8	四川	7
支援	41	沖	16	河本	11	ケア	8	女性	7
ボランティア	40	県外	16	語り継ぐ	11	マップ	8	消防	7
神戸	38	原発	16	取材	11	マンション	8	障る	7
リポート	36	語る	16	住民	11	遺族	8	振り返る	7
仮設	36	事故	16	相談	11	岩手	8	世界	7
今	34	熊本	15	土砂	11	教育	8	断層	7
考える	32	訓練	15	噴火	11	迎える	8	役立つ	7
活動	31	現地	15	夏休み	10	見える	8	予知	7
守る	30	思い	15	外国	10	最新	8	コミュニティ	6
対策	30	情報	15	緊急	10	生かす	8	ハイチ	6
子ども	29	心	15	支える	10	生まれる	8	医療	6
伝える	29	水害	15	生放送	10	町	8	課題	6

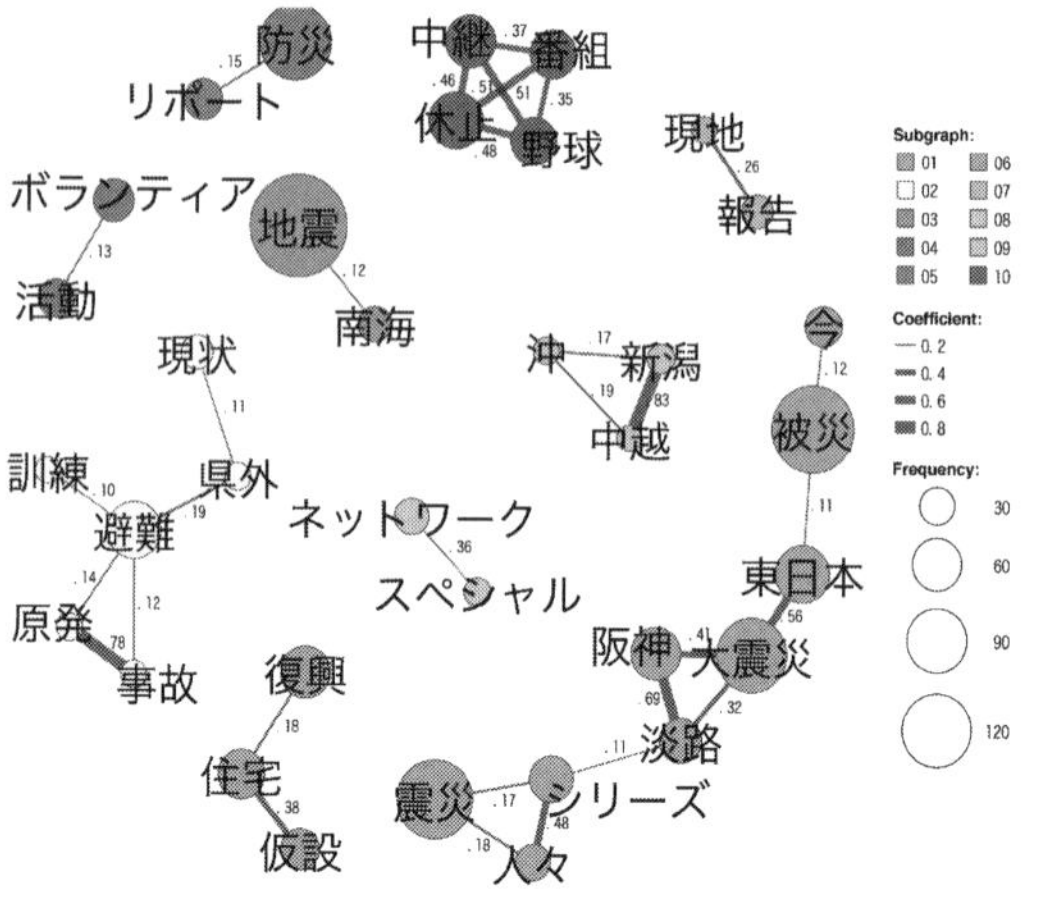

図12　全期間の「テーマ」共起ネットワーク図

続いてこれらの頻出語による共起ネットワーク図を示す（図12）。ここでは、抽出語から動詞を取り除いたうえで、関連性の強さを示す共起関係の算出にはJaccard係数を使用し、係数〇・一以上となった三五語を用いて図を描く。語の関連性が強いほど円をつなぐ線が太くなるように設定している。

図には互いに結びつきが強い一〇のサブグループが検出された。最も出現の頻度が高い「地震」は「南海」と共起しグループを形成していた。次に頻度が高い「被災」を含むグループは、頻出語の三〇位以内にあった「今」とも共起し、実際のテーマでは「2年経った被災地で、今」などとして用いられていた。また「被災」は「東日本」「大震災」「阪神」「淡路」と共起関係で結ばれ、「地震」とは区別され使用されていることがわかった。同じグループには頻出語の三〇位以内にあった「シリーズ」と「人々」「震災」があるが、実際のテーマでは当事者が体験を語る「シリーズ人々の震災」として用いられている。また「県外」「避難」「訓練」「原発」「事故」から構成されるグループも形成された。このうち「県外避難」は他県で避難生活を余儀なくされた被災者の問題を指す言葉である。その他に「防災」と「リポート」から成るグループ、「ボランティア」「活動」から成るグループ、「仮設」「住宅」「復興」から成るグループ、「現地」「報告」から成るグループがある。「ネットワーク」「スペシャル」から構成されるグループも形成されているが、実際のテーマでは「ネットワーク１・17スペシャル　阪神・淡路大震災22年ここから始める」などとして用いられていた。他のグループとして「休止」「野球」「中継」「番組」から構成されたものがあるが、実際のテーマでは「野球中継のため番組休止」など放送がなかったことを示す語として用いられていた。

6　放送内容の変遷

次に、放送内容の変遷を分析する。まず扱うテーマやパーソナリティーの変化などから、放送時期を三つに区分する。そしてそれぞれの時期の特徴を整理したうえで、テーマに使用された語をもとに共起ネットワーク図を描き語の連関を比較する。最後に、三つの時期におけるゲスト出演者の属性を比較する。なお図13、図14、図16に示す共起ネットワーク図はすべて作図に使用する語から動詞を取り除き、関連性の強さを示す共起関係の算出にはJaccard係数を使用、係数〇・一以上となった語のみを示し、関連性が強いほど円をつなぐ線が太くなるように設定している。

放送内容から区分される三つの時期

まず、扱うテーマの特徴をもとに二四年間を振り返り、三つの時期に区分する。一九九五年の番組開始から一九九八年までの担当者は被災者の問題を伝えることに注力し、筆者が引き継いだ一九九八年から「防災」[5]のテーマを積極的に取り入れた。これらを踏まえ、一九九八年までのこの時期を第一期とする。阪神・淡路大震災の被災者に向けた番組が「防災」に舵を切ったのは大きな出来事であったと考えるためである。具体的に第一期は一九九五年四月一五日から一九九八年三月二八日とする。番組の区切りは四月と一〇月の番組改編期にあわせることが制作上、一般的であるため、年末年始を区切りとはしていない。

第二期と第三期の区切りは二〇〇八年、一二年間務めたメインパーソナリティーの交代[6]が行われた時期とした。パーソナリティーの個性が強く表れるラジオ番組において、長期にわたり出演したメインパーソナリティーが変われば番組のカラーを大きく変えることになる。このことから第二期は一九九八年四月四日から二〇〇八年三月三一日、第三期は二〇〇八年四月七日から一覧表が作成された最終の日付である二〇一九年四月二八日までとした。

第一期の特徴

番組開始の一九九五年から三年間は、被災者が直面する問題、たとえば住宅問題、被災自治体の問題、高齢者・障がい者を含む被災者の健康問題などについて取り上げた時期である。ボランティアや現場をよく知る医師、弁護士らが数多く出演し、安部と魚住の二人のパーソナリティー（前掲写真16）との対話によって問題を深く掘り下げた。

はじめの一年間は電話も多用され、時には行政担当者との電話のあと、被災者の支援団体に電話をつなぎ、双方の意見を比較することもあったが、被災者の声が直接放送に登場することはそれほど多くなかった。被災した事実に触れたくない、向き合うのがつらい、ラジオにハガキを書く余裕すらない、といった事情があったと推測される。魚住は当時のことを「番組自体は聴かれているという実感はあったのに、リスナーの反応があまりに少ないと感じた。被災地を走るタクシーに切手不要のハガキ（写真19）を載せて走ってもらったが、ほとんど送られてこなかった」と振り返っている。

実際、被災地は復興途上であり、阪神高速神戸線が全線開通したのは一九九六年九月三〇日、震災

（5）阪神・淡路大震災直後は「減災」という言葉はまだ一般的ではなく、放送では「防災」という言葉が使用された。

（6）メインパーソナリティーの交代はラジオ局上層部が決定し、プロデューサーがその方針に従った。

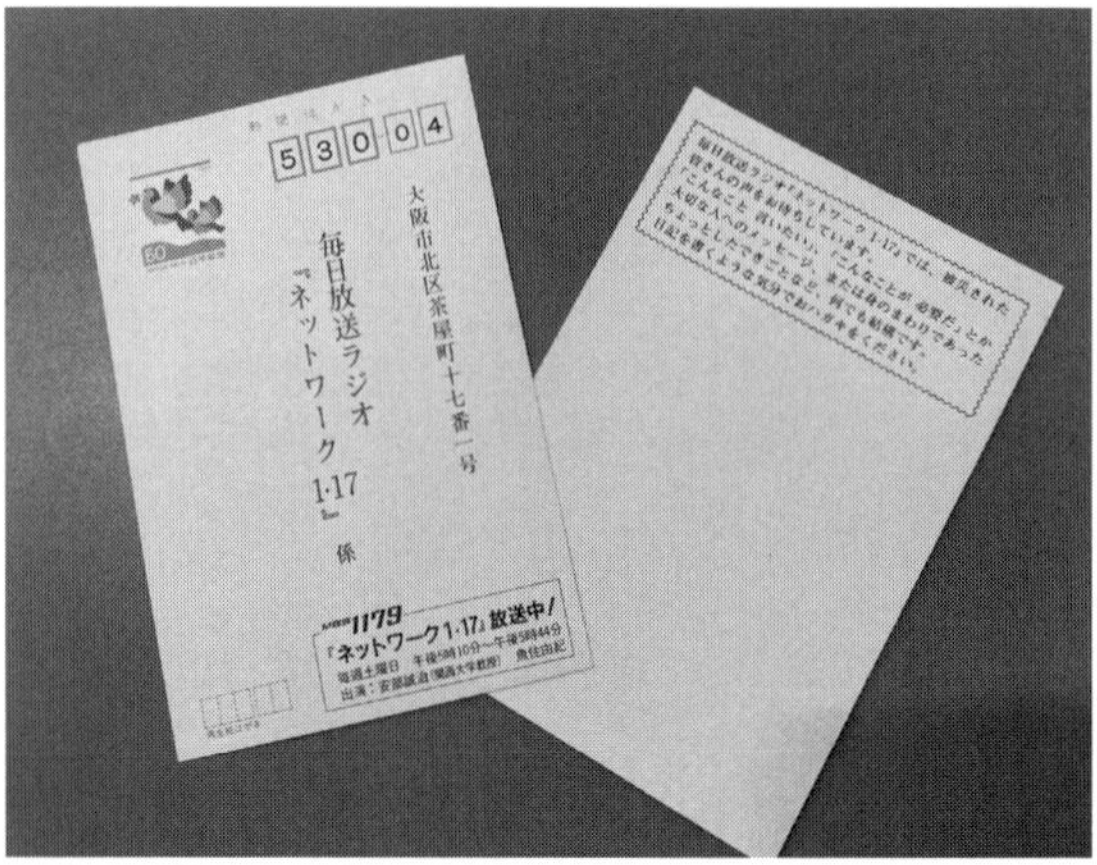

写真19　被災地を走るタクシーに載せていた切手不要の番組専用ハガキ（資料提供：MBSラジオ）

復興の象徴でもある神戸東部新都心や西宮浜、南芦屋浜でまち開き[7]が一斉に行われたのは一九九八年三月二八日、被災者生活再建支援法が成立したのは一九九八年五月一五日である。交通網はようやく回復したが、住まいを失った被災者の多くは住宅を確保できず、将来の見通しが立たなかった。この時期、当事者が表に出てこなかったのにはこうしたことが背景にあったものと推測される。

第一期のテーマについてJaccard係数が〇・一以上となった六一語を用い、抽出語が出現する頻度と抽出語どうしのつながりを共起ネットワーク図として図13に示す。

結果としてサブグループが八つ検出された。出現頻度が高い「被災」を含むグループは「今」「外国」「障害」や「問題」「雇用」「女性」「震災」と共起関係で結ばれた。また次に頻度が高い「復興」を含むグループでは「提言」のほか「住宅」「仮設」「一元」「募集」

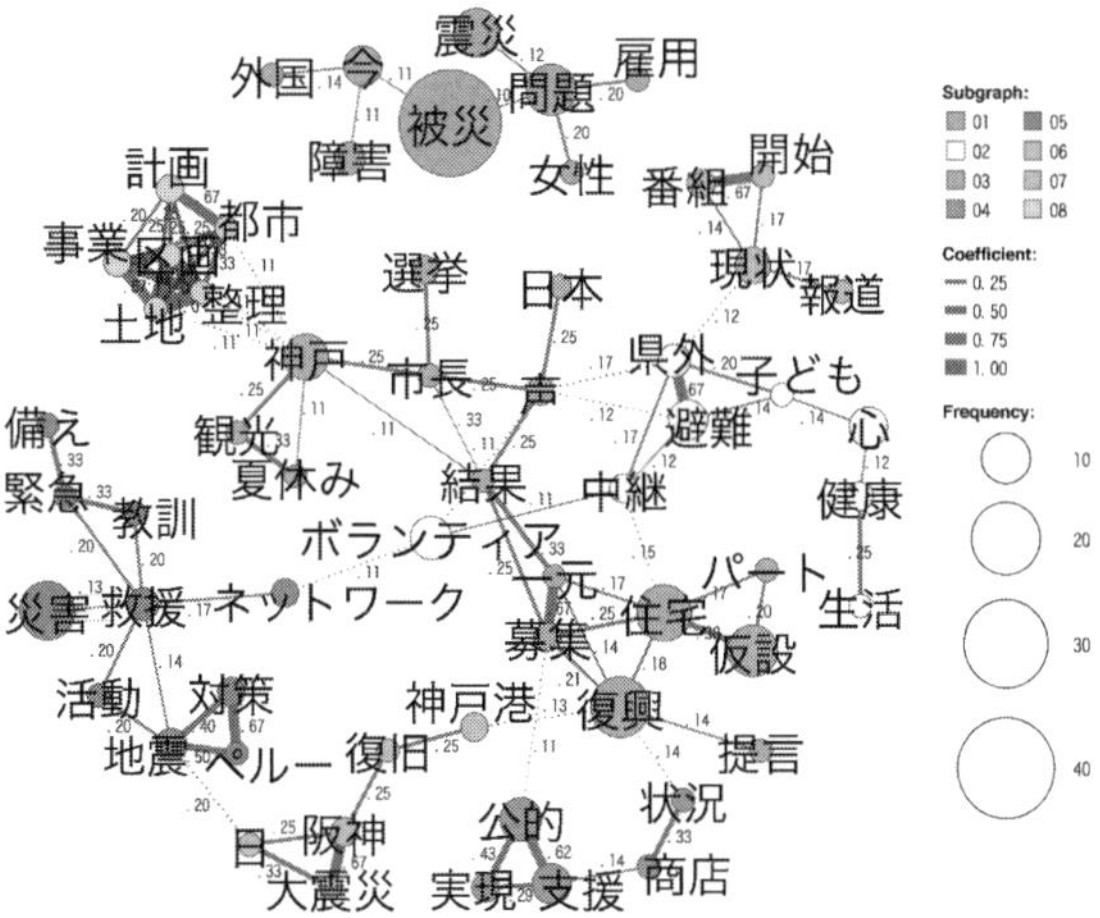

図13　第一期の「テーマ」共起ネットワーク図

「結果」や「市長」「神戸」「選挙」「声」「日本」「観光」「夏休み」と共起関係があった。ほかに「公的」「支援」「実現」「商店」「状況」から成るグループが形成されている。一方「災害」を含むグループは「救援」「活動」「ネットワーク」や「教訓」「緊急」「備え」「地震」「対策」「ペルー」が共起関係で結ばれていた。ほかには「県外」「避難」がひとつのグループを構成している。このグループではほかに「ボランティア」「中継」や「子ども」「心」「健康」「生活」の語が共起している。また「大震災」を含むグループでは「阪神」「復旧」「神戸港」などが共起関係で結ばれ

(7)　神戸東部新都心はＨＡＴ神戸と呼ばれる臨海部の地域で、被災者向け公営住宅や渚中学校、なぎさ小学校など教育施設のほかＷＨＯ神戸センターなど国際交流拠点が建設された。一方、西宮浜と南芦屋浜はいずれも震災後に計画が変更され、災害公営住宅を中心に整備が進められた。

た。ほかには「土地」「区画」「整理」「事業」「都市」「計画」から成るグループが出現した。第一期では「被災」や「県外避難」「公的支援」など災害対応サイクルのResponse（対応）に関する語と「仮設住宅」「復興住宅」や「区画整理事業」「都市計画」などRecovery（復旧）に関する語が多く出現していた。

第二期の特徴

第二期は番組が予防報道を開始した時期である。南海地震に向かって地震が増えていく「活動期」に入ったと研究者が言い始めていた（たとえば［129］七五-八三頁）ことに制作者らが着目したことが背景にある。このため一九九八年六月六日を最初に、地震や建築の研究者も番組にたびたび出演するようになった。

実は防災への転換は容易ではなかった。番組のメインパーソナリティーは一九九六年、学者の安部誠治から俳優の妹尾和夫に交代していた。妹尾は震災直後、ＭＢＳテレビの情報番組で「被災地リポーター」として連日被災地からの中継を担当していた。トークに冗談を交え、中継先では被災者に打ち解け涙する妹尾によって、番組も「被災者とともに」歩む姿勢を鮮明にしていた。また被災地では仮設住宅の解消も程遠かった。そのような時期に突然提案された「防災」に、まずパーソナリティーが反発した。当時のパーソナリティーのひとりであった魚住は、筆者のヒアリング調査（二〇一九年六月二四日）に対し「被災した人たちの経験を無にしないためにも」と当事者が「防災」の必

写真20　地震学者の梅田康弘（中央）
(2006年12月16日出演時。左は２代目パーソナリティーの妹尾和夫、右は魚住由紀　番組 HP より)

要性を語る分にはよいが、他者が言うと「悲しい思いを踏み台にしている」ような感じを覚えた」と述べている。しかし、防災の要素を取り入れたことにより一九九九年には神戸以外での聴取率が上昇するなど、「防災」という普遍的な価値観を共有する番組へと変化していく姿勢は徐々に受け入れられていった[8]。

この時期に始まった予防報道の要素として「週間地震概況」のコーナーと「防災リポーター制度」がある。「週間地震概況」は一週間に起きた地震の解説や地震に関する基礎知識を伝えるもので、一九九八年から七年間続いた。解説は京都大学防災研究所助教授（当時）・梅田康弘が担当した（写真20）。梅田は七年間一

（8）　一九九九年第一四回関西圏ラジオ調査（期間：一九九九年一一月二九日～一二月五日、対象：一九六〇人）による。「ネットワーク１・17」の番組聴取率は一九九五年の夏・冬とも神戸地区で低迷していたが一九九九年冬に神戸にかわって大阪地区で上昇、当時のＭＢＳラジオ編成部は「〝脱神戸〟〝防災〟という普遍性の高いテーマによって、地域に関係なくリスナーに有益な情報を提供できる番組になった」と分析した。

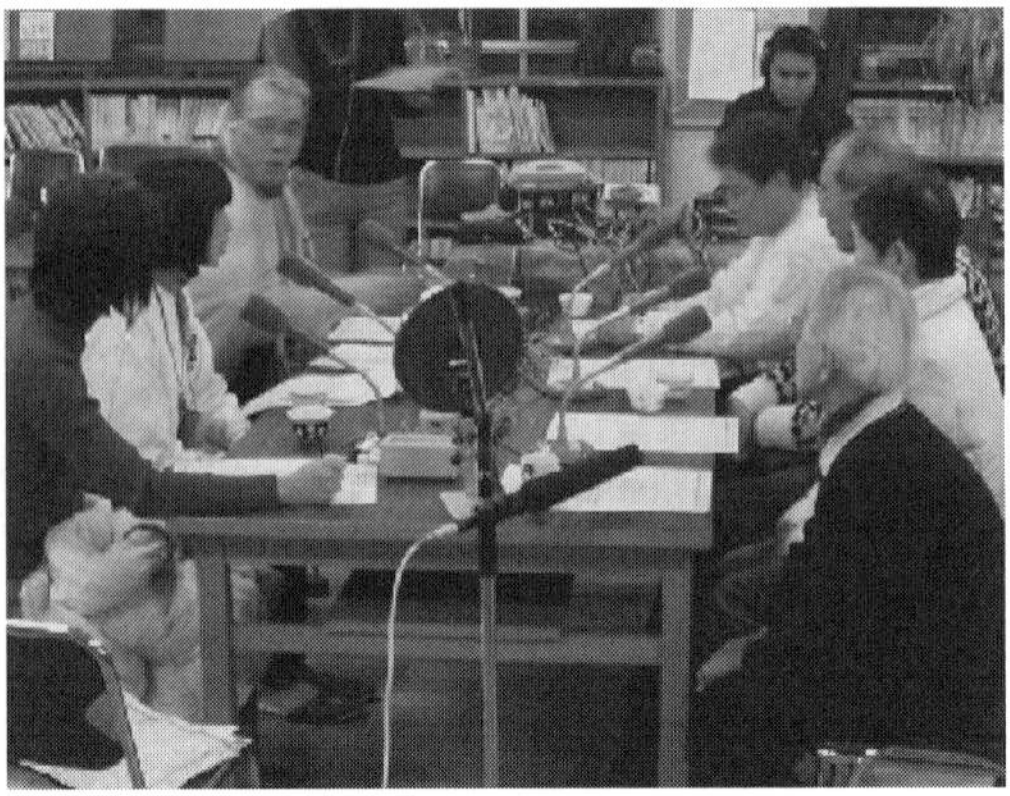

写真21　被災地最大の仮設団地「西神第七仮設住宅」の元住民らと「仮設の同窓会」を放送（2003年12月20日　番組 HP より）

度も休まず解説を続け、ゲストとしても全期間で二三回登場している。有識者が繰り返し番組に出演したことは、番組内容に科学性を担保する効果があったと考えられる。それ以上に梅田はリスナーから「親しい隣のおじさんのよう」と評され、穏やかで親しみやすい人柄で人気を博した。わかりやすいたとえを多用した地震の解説にも定評があった。

一方の「防災リポーター制度」は二〇〇四年に一般公募で開始し、災害時には地元の被害を、日常では防災に関する話題を日本各地に住む一般の人たちがリポーターとして伝えた。年に一回程度はＭＢＳラジオで研修も行った。今後、懸念される南海トラフなど災害についての講義や、アナウンサーによるリポート講習である。制度開設から七年後の二〇一一年、東日本大震災当日には、宮城県気仙沼市在住の防災リポーターが、津波が押し寄せる瞬間を高台から電話で伝えた。制度のひとつの結実といえる。

写真22　FM わぃわぃとの合同放送

(2002年１月17日　神戸市長田区　提供：MBS ラジオ)

写真23　震災追悼行事に参加する小学生にインタビュー

(2002年１月17日　神戸市長田区　提供：MBS ラジオ)

写真24　生中継に駆けつけたリスナー
（2002年１月17日　神戸市長田区　提供：MBS ラジオ）

なお、この時期にはたびたび被災地からの中継を取り入れ、被災者やリスナーとの交流をはかった。被災地で最大規模の仮設住宅団地であった西神第七仮設住宅（写真21）やコミュニティＦＭとして活動していた神戸市長田区のＦＭわぃわぃは代表的な中継先であった。

ＦＭわぃわぃとは「合同放送」も行い、新長田駅前のステージには大勢のリスナーが詰めかけた（写真22、写真23、写真24）。

その一方で、震災五年を過ぎた二〇〇〇年頃から「いつまでも震災にこだわらなくてもよいのではないか」という声がラジオ局内で上がり、番組の存在意義が問われ始めていた。しかし結局、番組が継続したのは、台湾集集地震（一九九九年）、新潟県中越地震（二〇〇四年）などの大地震が起きたことによる。

実は「ネットワーク１・17」はあえてスポンサーをつけない方式で放送を続けていた。被災地の問題を扱うという特徴から、たとえば「電力会社をスポンサーにつければ通電火災の問題を扱えなくなる」と当時の制作者らが考えたからである。[9] 局の姿勢を示したともいえるが、同時に番組収入がないことは被災地が平常に戻るにつれ、むしろ番組の弱点となった。「利益を生まない番組は必要ない」といった声が局内からも上がり始めた。この壁を乗り越えたひとつの要素は、外部からの力であった。防災まちづくり大賞総務大臣賞受賞（二〇〇二年）、災害情報学会廣井賞受賞（二〇〇八年）といった外部評価である。公的機関や災害の専門家が番組を高く評価したという「形」を示すことは「番組の社会貢献」という、利益とは異なる価値観を局に持ち込んだ。特に「防災まちづくり大賞」は放送免許を交付する立場の総務省が主催であったため、大変重要な意味を持った。しかしその力も時間経過とともに徐々に弱まっていく。そこで結果的に突破口となったのが、もうひとつの力「他地域での災害」であった。台湾集集地震（一九九九年）は阪神・淡路大震災から間もない時期に起きたこともあり、大きなインパクトを与えた。さらに震災から九年を経て起きた新潟県中越地震（二〇〇四年）は「やはり地震は起きるのだ」「自分たちも備えを忘れてはいけない」と局関係者やリスナーらに番組の存在意義を再認識させることとなった。いずれの災害も筆者をはじめラジオ報道の記者や「ネットワーク1・17」のパーソナリティーが現地を取材しリポートした。

　第二期のテーマについて、Jaccard 係数が〇・一以上となった六一語を用い、第一期同様、共起

（9）初代プロデューサーの話による。

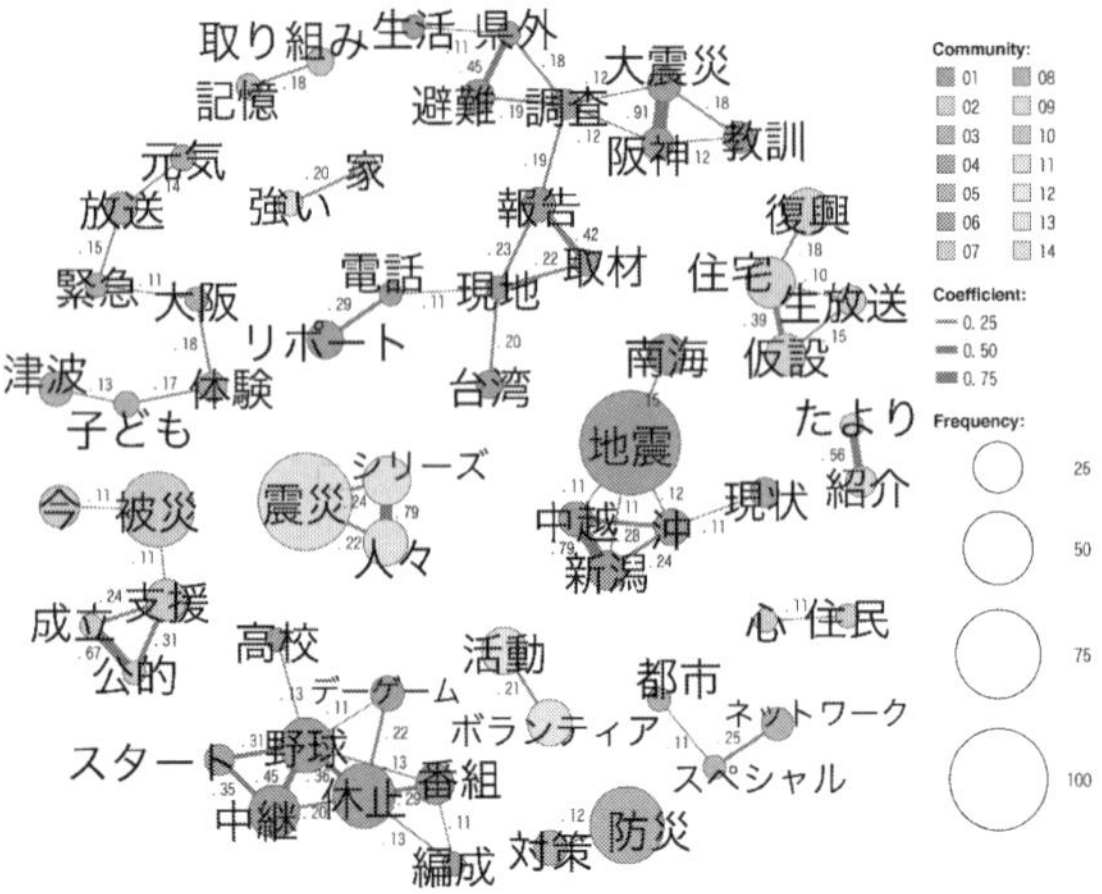

図14　第二期の「テーマ」共起ネットワーク図

ネットワーク図として図14に示す。一四のサブグループが示されたが、このうち、出現頻度が大きい「地震」を含むグループは「南海」「新潟」「中越」「沖」と「現状」から構成される。実際のテーマでは「南海地震にどう備えるのか」「新潟県中越地震取材報告」などとして用いられ、阪神・淡路大震災以外の災害がテーマとして扱われていた。同じく出現頻度が大きい「震災」のグループは「シリーズ」「人々」と共起し、「シリーズ人々の震災」がこの時期に放送されたことが反映されている。「被災」は「今」「公的」「支援」「成立」とともにグループを形成している。ほかには「阪神」「大震災」「教訓」や「台湾」「現地」「取材」「報告」「電話」「リポート」「県外」「避難」「生活」「調査」から構成されるひとつのグループがある。「復興」は「住宅」「仮設」「生放送」とともにひとつのグループ、「ボランティア」は「活動」とともにひとつのグループを形成していた。第二期で初めて共起ネットワーク図に現れた語のひとつである「防災」は「対策」とともにひとつのグループを形成した。なお「休止」「野球」「中継」など、編成上の理由で放送が休止となったことを示すグループも現れている。第二期は第一期で出現した「県外避難」「公的支援」などResponse（対応）を表す語や「仮設住宅」「復興住宅」などRecovery（復旧）を表す語が引き続き出現する一方、番組が防災に舵を切ったことを反映し第一期にはなかった「防災対策」などMitigation（被害抑止）を示す語が現れている。

なお、本書の「はじめに」でも触れたが「シリーズ人々の震災」のなかには、リスナーからの手紙がきっかけで出演に至った震災の遺族もいる。震災で亡くなった神戸大学の学生が生前、母に宛てた手紙が新聞記事に取り上げられた。この切り抜きを大切に保管していたリスナーが「このお母さんはお元気なのでしょうか。ずっと気になって記事が捨てられません」と書いた手紙を古びた切り抜きとともに番組に寄せた。これにより広島市在住の母・加藤りつこさんが番組に出演し、亡くなった息子・貴光さんの話をラジオで語った。

ここでは、阪神・淡路大震災以降に発生し、災害番組の意義を再認識させるきっかけになった大地震「台湾」と「新潟」に注目し、さらに分析を行う。それは阪神・淡路大震災の教訓が引き継がれた災害は台湾集集地震（一九九九年）と新潟県中越地震（二〇〇四年）だとされることにある。

共起ネットワーク図では「台湾」「現地」「取材」「報告」と「新潟」「中越」「沖」「地震」が互いに結びついている。「台湾」が最初にテーマに出たのは地震発生四日後の一九九九年九月二五日で（「台湾大地震」）、その翌週には記者リポート、その後は研究者による解説や、神戸市から送られた中古の

表13 「台湾」以前の頻出語

抽出語	出現回数	抽出語	出現回数	抽出語	出現回数	抽出語	出現回数
被災	52	神戸	10	大震災	6	障害	4
住宅	24	問題	10	外国	5	情報	4
復興	21	公的	9	学ぶ	5	生活	4
震災	20	避難	9	見る	5	報告	4
仮設	19	今	8	現状	5	NPO	3
災害	16	県外	7	声	5	教訓	3
支援	13	阪神	7	中継	5	計画	3
地震	12	心	7	救援	4	結果	3
ボランティア	11	防災	7	市外	4	健康	3
考える	11	活動	6	実現	4	備え	3

仮設住宅の話を伝えている。地震から一〇年の節目となる日には、現地を訪れていた研究者に電話をつなぎ放送した。

一方「新潟」については被災者の現状や住民参加型の復興まちづくり、現地で活動する神戸のボランティア、震災遺構に関してのテーマが設定され（「新潟の冬を越す被災者たち」ほか）、新潟県中越沖地震とともに継続的に放送された。

さらに、これら二つの災害のあとでテーマにおける頻出語が変化したのかどうかを分析した。まず「台湾」以前の頻出語を表13に示す。

時期区分は台湾集集地震（一九九九年九月二一日）前の「台湾以前」、それ以降、新潟県中越地震（二〇〇四年一〇月二三日）までを「台湾〜新潟」、中越地震発生以降を「新潟以降」としている。なお、番組の第二期以降に起きた東日本大震災の影響を省くため、「新潟以降」は東日本大震災が起きるまでの間とした。

表13の抽出語を図15にある「台湾」と「新潟」以降の頻出語と比較する。まず表13で「台湾」以前にテーマに使われた

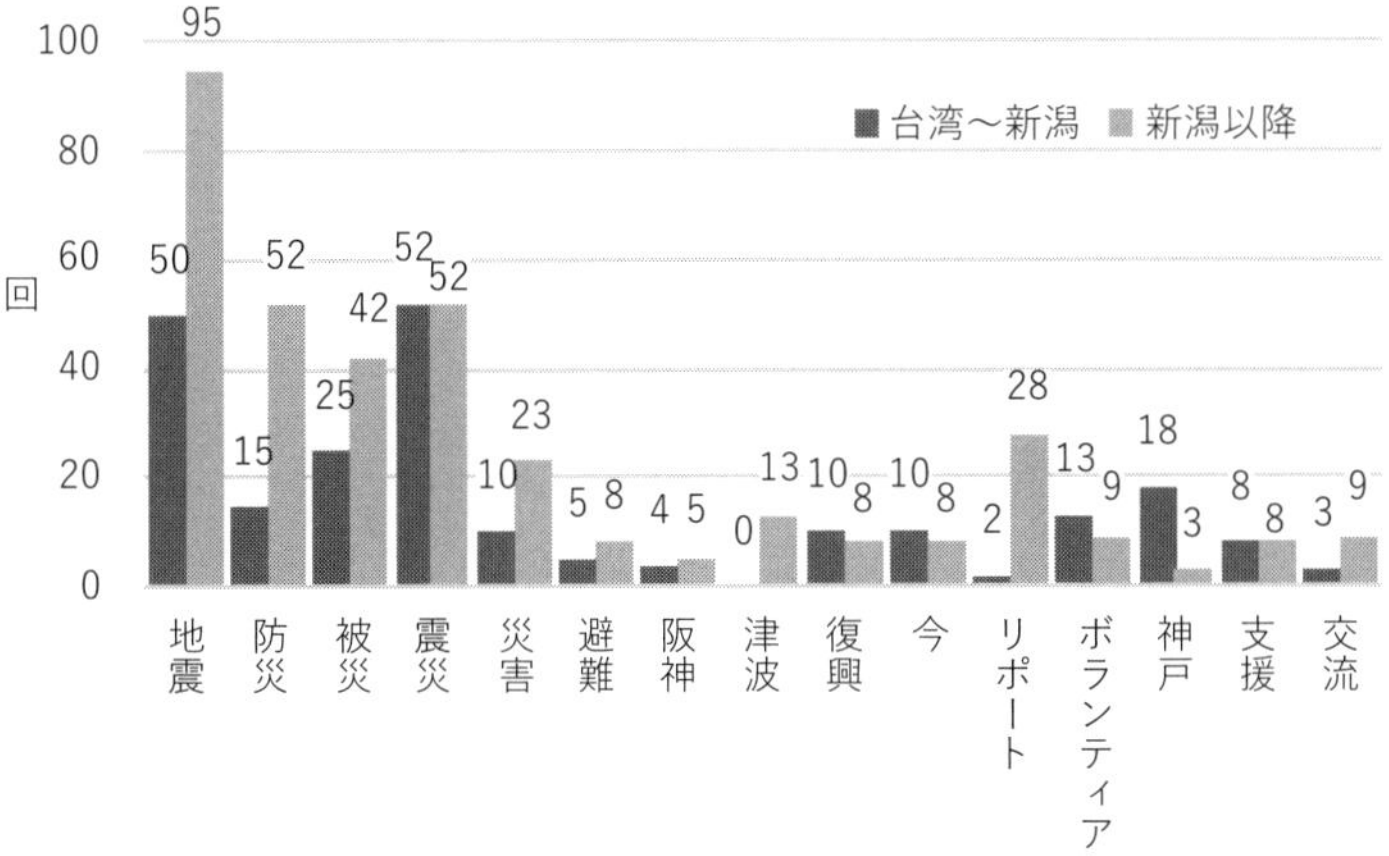

図15　「台湾」と「新潟」以降の頻出語

回数が一一位（一〇回）だった「神戸」は、図15の「台湾」以降「新潟」以前で四位（一八回）に上がった。また「防災」も「台湾」の前後で七回から一五回に増えた。他地域の災害が起きたことにより「神戸」や「防災」を意識したことがわかる。

次に図15の「新潟以降」をみると「神戸」は三回に減ったが「防災」は五二回と大幅に増え、頻出語の二位に上がった。同じく五二回で二位だったのは「震災」で、台湾以前は二〇回だったが台湾以降新潟以前では五二回に増えていた。また三位の「被災」は台湾以前は五二回で一位だったが、台湾以降二五回と減少し、再び新潟以降で四二回に増加している。「被災」という Response（対応）の時期を示す語は阪神・淡路大震災の被災地で復興が進めば出現回数は少なくなっていくと考えられるが、他地域の災害を取り上げることで再び増加し、阪神・淡路大震災の災害対応サイクルに別の災害のサイクルが併存するようなかたちとなる。本項の冒頭では台湾や新潟で大地震が起きたことが番組の存在意義を再認識させる契機となったと述べた。筆者らが感じたこの実感は、災害番組の意義を問われていたRecovery（復旧）の停滞期に、他地域で災害が起きることで阪神・淡路大震災の被災地が「自分ごと」として被災者に共感し、災害を振り返るきっかけを与えられたことによるものであったと考えられる。このように位相の異なる災害のサイクルが一時的に併存し、阪神・淡路大震災の被災地がそれを受容したことで、結果的にサイクルをMitigation（被害抑止）へと進ませる後押しとなったと考えられる。

第三期の特徴

第三期は二〇〇八年、メインパーソナリティーが交代し、妹尾にかわって局の若手アナウンサーが起用された時期から現在までである。被災地でも「震災の風化」が課題となった時期で、このアナウンサーが震災を学んでいくことは次世代への語り継ぎの象徴ともなった。国の内外ではさらに災害が相次ぎ、四川大地震（二〇〇八年）、岩手・宮城内陸地震（二〇〇八年）などのテーマが繰り返し現れるが、最も影響した災害は東日本大震災（二〇一一年）である。ＭＢＳラジオでは期間限定で「ネットワーク3・11」という別番組を放送し、それまでの経験から被災生活に必要な知恵などを「ネットワーク1・17」のパーソナリティーが東北に向けて伝えている。

第三期のテーマについて、Jaccard係数が〇・一以上となった三六語を用い、第一期・第二期同様、共起ネットワーク図として図16に示す。ここでは八つのサブグループが示された。出現頻度の高い

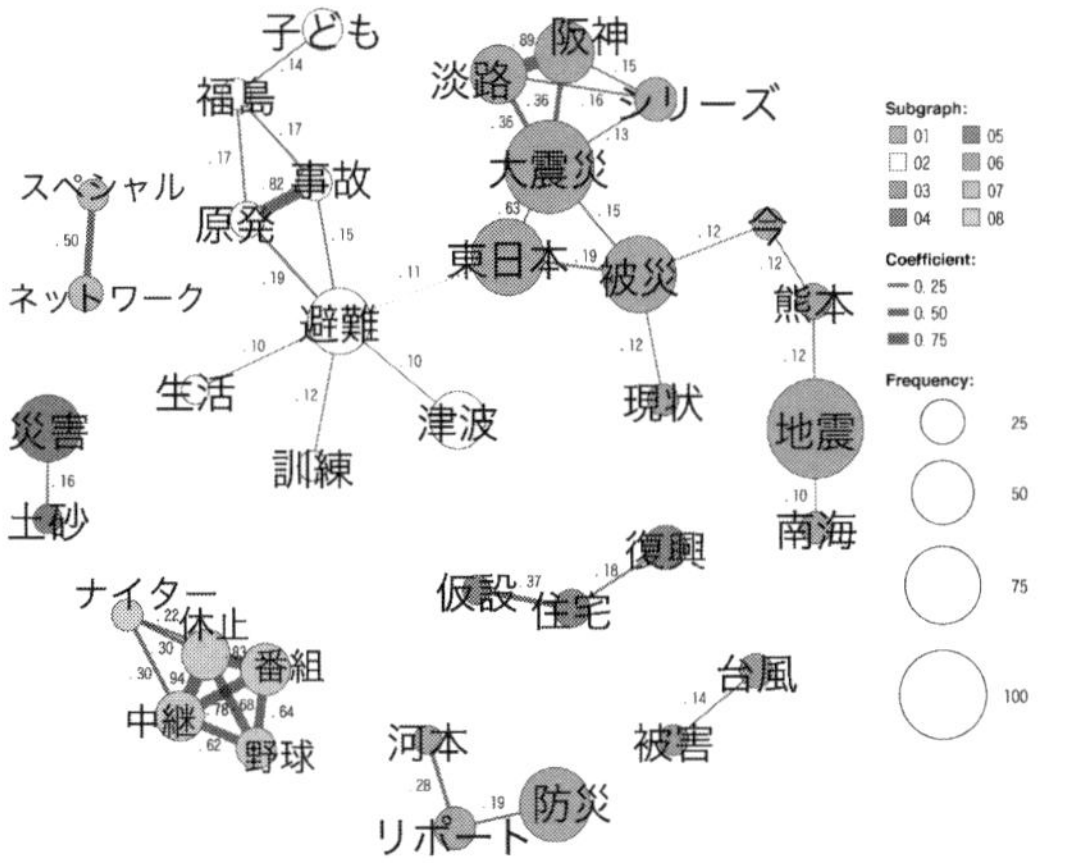

図16　第三期の「テーマ」共起ネットワーク図

「大震災」が含まれるグループは「東日本」「阪神」「淡路」などと共起し、同じく頻度の高い「地震」が「南海」「熊本」「今」と結ばれ、「被災」「現状」とともにひとつのグループを形成していた。別のグループでは「避難」「原発」「事故」「福島」「子ども」そして「訓練」「生活」「津波」がひとつのグループを構成していた。「災害」と「土砂」、「台風」と「被害」もそれぞれグループを形成していた。また「仮設」「住宅」「復興」から成るグループ、「防災」「リポート」「河本」（当時のパーソナリティーの名）から成るグループが出現した。ここでも「休止」「野球」など番組休止を示すグループと「ネットワーク」「スペシャル」から成り特別番組を示すグループが形成されている。第三期では、阪神・淡路大震災だけでなく東日本大震災（二〇一一年）、熊本地震（二〇一六年）など他の地域の地震災害を取り上げたことが示された。また原発事故による避難、

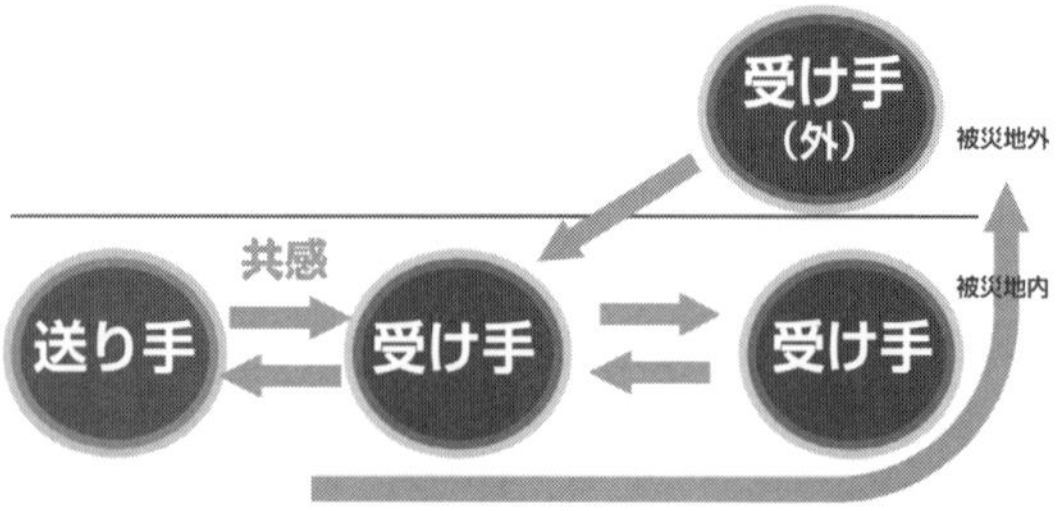

図17　「ネットワーク１・17」にみられる「共感放送」

土砂災害など地震以外のハザードも取り上げたことが明らかとなった。そして「仮設」「復興」「住宅」などでRecovery（復旧）を扱いつつも「防災」「リポート」「南海」「地震」などMitigation（被害抑止）に関する語や、初めて「訓練」などPreparedness（被害軽減）に関連する語が出現していた。

以上のことから、第一期から第三期にかけて放送内容がResponse（対応）からRecovery（復旧）、Mitigation（被害抑止）、そしてPreparedness（被害軽減）へと災害対応に則して重なり合いながらも緩やかに変化していることがわかった。なお、兵庫県の震災記録誌では、一九九五年一月から八月が「緊急・応急対応期」、九月から一九九八年三月が「復旧期」と規定されており（［130］二四六-二四七頁）、あわせると番組の第一期と対応している。また第二期と第三期の節目に当たる二〇〇八年三月末だが、兵庫県はこの日付をもって「復興局」を廃止することを決めた（［131］）。背景には「復興が一区切りした」との判断があったと考えられ、本章で決めた番組の時期区分が行政の災害対応サイクルとも対応していたことがわかった。

また、第一期から第三期までの放送に流れる共感性を図17に示した。

被災地の内と外をつなぐこのような共感性が災害サイクルを進ませる後押しともなっていたと考えられる。

ところで、番組に寄せられたリスナーのおたより（手紙、葉書、ＦＡＸ、メールなど）は個人情報保護の観点から定期的に廃棄されている。廃棄すべき期限を迎えていないものを除くと、賞への出品や特別番組への使用などの目的で資料化され、保存されていたものが一二八通あった。選択的に保存されたことから内容に多少の偏りがあることは否めないが、リスナーの反応を直接知る手がかりとなる。届いた時期は二〇〇四年から二〇一二年で、内訳は性別が男性六九（五四％）、女性五三（四一％）、不明六（五％）、年齢は七〇代七人（五％）、六〇代六人（五％）、五〇代八人（六％）、四〇代一四人（一一％）、三〇代六人（五％）、二〇代二人（二％）、不明八五人（六六％）である。住所は大阪府三九（三〇％）、兵庫県五八（四五％）など、放送エリアである近畿二府四県と徳島県で八割を占めるが、宮城県（三人）や東京都（二人）、福岡県（二人）もある。媒体はメールが六四通（五〇％）、ＦＡＸ・ハガキがともに二五通（各一九・五％）、手紙が一四通（一一％）で、デジタルとアナログの手段が半々であった。反応のなかで最も多かったのは「番組やパーソナリティーへの応援」に関するもので「番組を続けてほしい」「親しみやすいトークを期待している」といった内容であった。次に多かったのは「被災体験」に関するものや「番組を聴いてこんな活動を始めた」といった「防災意識の高まり」に関する内容であった。「被災体験」には便箋数枚にわたる手紙もあり、特別番組などに生かされた。また「防災意識の高まり」で寄せられた質問は専門家が出演する「地震相談室」や「木造住宅相談室」などのテーマに生かされた。主なおたよりには次のようなものがある。

「この番組を聞くまではただただ不安でした。でも地震のメカニズムや和歌山は日常的な地震だということを知りホッとしています」（和歌山県・二八歳女性・ハガキ）

「この番組で防災の重要性を学び、自治会では市役所の方々と意見交換を行い対策につなげました。ネットワーク1・17が私の背中を押してくれたお蔭です」（兵庫県・四二歳男性・筆者による中略あり・メール）

「地震の知識を得、地震の直接の被害や、避難所の生活が大変だということを知り、復興の進み具合を知り、新たなローンが生まれることの大変さを知り、津波の恐ろしさを教えられ、人のつながりの大切さを知ることができました」（大阪府・六六歳男性・手紙）

ただ、番組は防災意識の高いリスナーの声だけを取り上げたわけではない。二〇一六年一〇月、大阪府堺市東区のリスナー（ラジオネーム・ゆすら梅さん）からのハガキを放送で紹介した。夫の介護をしている七〇代女性で、「災害が起きたとしても夫をベッドから車いすに乗せ大きな荷物を持って逃げることは無理、もういまはあきらめています」という内容だった。番組では「ゆすら梅さん」や似た境遇の人たちが「どうすれば災害で命を落とさずにすむのか」を考えようと堺市に取材、「避難行動要支援者名簿にぜひ登録してほしい」という行政の声を伝えた。またスタジオでは高齢者・障害者福祉が専門の立木茂雄が解説し、周囲の人に自分たちの存在を知ってもらい共助を引き出すことから始めようと呼びかけた。当時の担当ディレクターは、「「あきらめています」としながらもわざわざラジオにハガキを送ってきたのは助けを求める気持ちがどこかにあるからだと感じ、取り上げた」と話している。支援を必要としながらどこに助けを求めてよいかわからない人たちの声を拾い上げるのは、ラジオ特有のアクションであったと考えられる。このリスナーからは後日、お礼のハガキが寄せられたということである。

ゲスト出演者の変遷

次に、出演したゲストの属性から三つの時期の特徴を分析する。第一節の冒頭でも述べたように、パーソナリティーとゲストとの対話が放送の柱となる「ネットワーク1・17」においてゲストは放送内容の特徴を表しうると考えるためである。属性は「学識経験者（ハード系）」（＝建築、まちづくり、自然科学、経済政策、交通インフラなど）、「学識経験者（ソフト系）」（＝被災者支援、被災地復興、医療、福祉、情報伝達、教育など）のほか、ボランティアなどの「支援者」、制作スタッフやパーソナリティー、他メディア関係者を表す「記者など」、被災者、遺族などの「当事者」、行政などの「その他」の六つに分類した。「学識経験者」は大学などに所属する研究者とともに、国や自治体の「専門委員会」などに「有識者」として招かれる水準の専門知識を持ち合わせている人も含めた。ハード系の例はまちづくりプランナーの野崎隆一など、ソフト系の例は大規模仮設住宅で二四時間見守りボラ

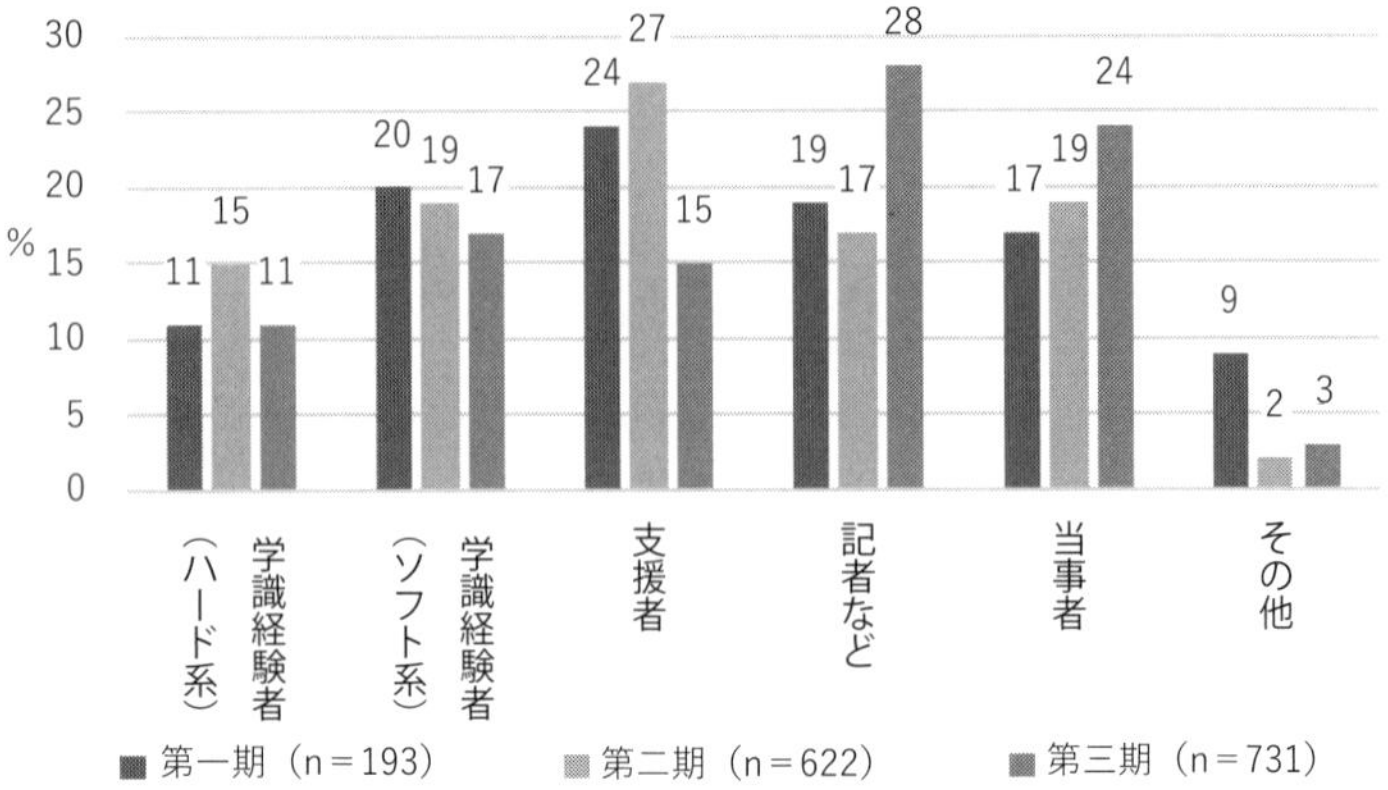

図18　第一～三期のゲスト出演者（属性重複あり）

ンティアを続けた阪神高齢者・障害者ネットワークの黒田裕子（故人・看護師）のほか、被災地NGO協働センターの村井雅清、県外避難者を支援した街づくり支援協会の中西光子、危機管理対策アドバイザーの国崎信江らである。税理士でも「被災中小企業の復興」を解説する人はハード系、「家庭の財産管理」を解説する人はソフト系とした。そのうえで「被災した支援者」「ボランティアをしている学識経験者」など属性の重複を許し、各時期のゲストののべ人数に占める割合を比較した。その結果を図18に示す。

　ゲストに占める割合が最も多かったのは第一期と第二期では「支援者」で、それぞれ二四％と二七％であった。理由のひとつは、余裕のない当事者にかわり、支援者らが声を上げたからだと推測される。被災当事者は番組開始当初、番組に声を寄せることも少なかった。当事者が体験を自分の言葉で語るには時間が必要だったと考えられる。第三期になると「支援者」は一五％にまで減り、かわって「記者など」が二八％と最も多くなった。これは、東日本大震災や各地の豪雨災害など新たな災害が起こり始め、支援者や学識経験者らが被災地に入るよりも早く、記者らが被災地を取材することが増えたことが反映されている。記者らの出演は「東日本大震災」や「原発事故」のテーマだけでも二一回に上っていた。

一方で、学識経験者については、全体を通して「ハード系」よりも「ソフト系」が多い傾向がみられる。ただし「ハード系」は第二期で一五％と微増しており、これは番組が「防災」に舵を切り始めた時期と重なる。ハード系のなかで多かったのは「地震」（のべ五六人）、「建築」（のべ一六人）であったが、これら二つの分野の学識経験者は第一期ではゼロであった。また第三期では「地震」（のべ三九人）、「土木・河川」（のべ二〇人）に加え、第一期で二人、第二期でゼロだった「気象」がのべ一二人に上った。これは台風や豪雨災害が頻繁に起きたことが反映されている。一方、ソフト系では第一期が「被災者支援」（のべ一三人）、「医療」（のべ八人）の順に多かったが、第二期では「備え・防災」（のべ二五人）が「被災者支援」（のべ二一人）を上回っていた。また、第三期で初めて「震災の伝承」「文化財や文化」を専門にする学識経験者が出演した。

また「当事者」の占める割合は第一期から第三期にかけて増える傾向にある。「当事者」は当初、被災者と震災遺族であったが、第二期からは「災害をまだ経験していない当事者」が出演するようになった。地域で防災や防災啓発に取り組む人たちである。ボランティアのように「支援」を目的とするのではなく、災害をわがこととしてとらえ、備えようとしていることから「当事者」に分類した。被災者や遺族といった「災害を経験した当事者」とあわせ、こうした「第三の当事者」が語り始めていることが明らかとなった。

「おなじみ」ゲストの重要性

ゲストのなかには繰り返し出演し「おなじみ」と呼ばれた人々が少なからず存在する。これは、出演回数が三回目程度になると、パーソナリティーが「きょうのゲストはもうおなじみと言ってもいいでしょう、○○さんです」などと放送で紹介し始めたことによる。それらのなかには専門知識を持ちながら被災者に深く寄り添い、早くから問題を指摘する「学識経験者」と呼ぶべき人々も多かった。こうした人々が「おなじみ」となったのは、かれらが取り組む問題が解決されない限り出演が続いたためである。そして「おなじみ」が継続出演することによって前回との違いを伝えたり、聴取者の反響に応えたりすることが可能となり、放送内容や聴取者の信頼感を深めることにつながった。

「おなじみ」によって発掘された被災地の課題も多い。たとえば「県外避難者問題」は前項の冒頭で触れた中西光子（一三回出演）によって提起された（写真25）。阪神・淡路大震災の避難者は最大三一万人に上った。自宅を失い避難所に入ったものの、「避難所の環境は長期に耐えられない」「幼い子どもが周囲に迷惑をかける」など出ていかざるをえず、近隣の大阪府や近畿から離れた岡山県などへの転居を余儀なくされた世帯も多かった。一方で、被災自治体から発信される情報は転出した被災者には届かず、転出先の自治体では震災関連の支援制度がなく、必要な支援策から取り残された人たちが発生した。これが「県外避難者」問題である。だが震災直後、この問題は注目されていなかった。

写真25　「県外避難者問題」を提起したボランティアの中西光子（中央）
（2003年11月22日出演時　番組 HP より）

番組ではこの「県外避難者問題」を計三四回取り上げている。この問題が初めて番組に流れたのは一九九六年七月一七日だった。これは兵庫県が「ふるさとひょうごカムバック・プラン」を策定（一九九六年一二月）する五か月も前のことであった（[130]）。県外避難者の電話相談に応じるボランティアであった中西は、県外避難者から寄せられた声を紹介するかたちで、その苦しみと行政による支援の必要性を番組で訴えた。その後の災害でも、全島民が島外避難した三宅島噴火災害（二〇〇〇年）や、東日本大震災と原発事故（二〇一一年）で「県外避難者問題」と類似の問題が起きている。

また、「震災障害者問題」は被災した高齢者らを訪問し相談も受け付ける「よろず相談室」で長年、ボランティアをしていた牧秀一（九回出演）らによって語られた（写真26）。「震災障害者」とは、震災が原因のけがにより日常生活に困難を生じるほどの障がいが

写真26　「震災障害者」問題を語り続ける牧秀一（中央）
（2019年11月24日出演時。左は４代目パーソナリティー・千葉猛、右は現パーソナリティー・西村愛　番組 HP より）

残った被災者のことを指し、「障がい者が震災に遭った」こととは異なる意味を持つ。自宅が被害に遭ったうえに震災が原因の障がいで職を失い、治療費も必要となるなど、経済的に困窮する震災障害者も多かった。ところが診断書の原因を記述する欄には「自然災害」の項目がなかったことなどから行政が把握することなく、長らく「忘れられた存在」となっていた。番組はまだ表面化していない時期からこの問題を取り上げ、「震災障害者」本人も出演した。そして広島豪雨災害など他の災害で障がい者となった人々との交流にも発展した。このほか被災者への「公的支援」は弁護士の伊賀興一（一〇回出演）らによって提起され、いずれも第一期・第二期の共起ネットワーク図に出現している。

「おなじみ」を出演回数三回以上と仮定すれば三〇人以上に上るが、なかでも出演回数が多いのは、地震学者の梅田康弘（二五回）や前項の冒頭で触れた黒田

写真27　24時間ボランティアを実践した看護師の故・黒田裕子（中央）
（2003年12月20日出演時　番組 HP より）

写真28　民間の防災研究者・木村拓郎（中央）
（2002年９月７日出演時　番組 HP より）

写真29　減災・防災と復興の研究者・室崎益輝（中央）
（2003年1月25日出演時　番組HPより）

裕子（二二回）（写真27）、民間の防災研究者・木村拓郎（一八回）（写真28）、災害現場に足を運び防災・減災・復興を研究する室崎益輝（一一回）（写真29）などである。いずれも被災者の声を直接聞く立場や最新の研究を知る立場にあり、時期に応じて番組にテーマを提起してきた。

しかし、そもそも「おなじみ」は放送回数が多くなければ存在しえない。番組が長期継続することによって「おなじみ」を生み出し、その「おなじみ」が取り上げるべきテーマを提起することで放送内容を深めることにもつながるといった相互作用が働いたと考えられる。「おなじみ」の存在は災害対応サイクルに則した放送や長期継続のため、重要な役割を果たしたといえる。

7　まとめ——長期の災害放送における共感性

本章では、ラジオの災害放送もＦＥＭＡの災害対応サイクルのように発生から復旧・復興を経て被害抑止・軽減に至るサイクルを循環させることで、そのつど適切な放送内容を提供でき、次の災害の被害抑止・軽減にもつながるという減災コミュニケーションに根ざした考えのもと、阪神・淡路大震災の被災地域で二八年以上継続する災害番組「ネットワーク１・17」について、放送記録がリスト化を終えた二四年間に絞り、三つの時期に分けて放送内容を分析した。放送の経緯については筆者が当事者のひとりとして知りえた事実をもとに記述し、放送内容については見出しである「テーマ」の頻出語と共起ネットワーク図をもとに考察し、さらに、番組がパーソナリティーとゲストとの対話で構成され、ゲストがその日の放送内容の特徴を表しうると考えられることから、ゲストについても分析した。その結果、次のようなことがわかった。

（1）長期の災害放送を行う番組の放送内容は災害対応サイクルに沿うように変遷していたことがわかった。

まず頻出語と共起ネットワーク図の分析結果から、第一期（一九九五〜一九九八年）では阪神・淡路大震災の被災者の問題や復興事業、県外避難者問題などを示すグループが出現し災害対応サイクルのResponse（対応）やRecovery（復旧）にあたる内容が頻繁に扱われていたことがわかった。これに対して第二期（一九九八〜二〇〇八年）は台湾や新潟など他地域の地震や、第一期の共起ネットワーク図には現れなかった防災、震災体験の語り継ぎなどを示すグループが出現しMitigation（被害抑止）の要素が初めて現れていた。第三期（二〇〇八年以降）では阪神・淡路大震災だけでなく東日本大震災、熊本地震など他の地域の地震災害を示す語や原発事故による避難、土砂災害など地震以外のハザードを示すグループが出現し災害対応サイクルのRecovery（復旧）やMitigation（被害抑止）が引き続き扱われたほか、「訓練」など次の災害へのPreparedness（被害軽減）を表す内容も現れていた。

（2）「共感性」が番組の災害対応サイクルを進ませる後押しとなった可能性があることがわかった。

第二期では台湾や新潟などの災害が「神戸」や「防災」を振り返る契機になり、他地域の災害を「自分ごと」ととらえる共感性が放送内容に表れていたことがわかった。また「被災」に代表されるResponse（対応）を示す語が再び増加し、阪神・淡路大震災の災害対応サイクルに位相の異なる別の災害のサイクルが併存するようなかたちとなっていたことがわかった。これらのことから、番組が他地域への共感性を示すことでMitigation（被害抑止）へと進む後押しとなった可能性があることがわかった。

（3）番組長期継続のためには「おなじみ」となるゲスト出演者の存在が重要であることがわかった。

番組構成上重要な役割を果たすゲストについては、第一期では声を上げられない当事者にかわり、被災者に寄り添う支援者や学識経験者が問題を語った。そして繰り返し出演する「おなじみ」となり、長期的に重要な役割を果たした。続く第二期では予防報道を開始し、「おなじみ」の科学者をつくった。第三期は記者らが災害を直接取材したほか、わがこととして防災に取り組む「第三の当事者」が増えていた。「おなじみ」ゲストの存在は、ある問題を取り巻く被災地の変化を伝え内容を深めることや、聴取者の信頼を得ること、また状況に応じたテーマを提起し番組の長期継続を支え、長期継続がまた次の「おなじみ」を生むといった役割があると考えられる。「おなじみ」は制作者らがゲストとともにテーマの検討を行い、内容を吟味する日頃の努力の積み重ねの結果であり、防災・減災が一過性の取り組みでは実現しないことを示しているともいえる。

これらの結果をもとに考察すると、ラジオの災害放送において、災害対応サイクルに対応した時期の変化をとらえ番組内容を変化させることや、「おなじみ」となったゲストが拾い上げる課題や視点を大切にする番組編成を行い、それが長期的な番組として継続すれば、結果的にＦＥＭＡの災害対応サイクルにも則した災害放送のサイクルが描かれる可能性があることがわかった。番組は歴代プロデューサーの意図した通りに変遷した可能性は否定できないが、災害のみをテーマに扱う災害番組で被災地のニーズを無視した番組制作の可能性は低く、被災地の状況やニーズに応じて放送は災害対応サイクルに則した変化をみせたのではないかと考えられる。

なお本章は「ネットワーク1・17」というひとつの番組を通して阪神・淡路大震災の災害対応サイクルに着目するものであり、複数の災害や複数の番組を対象にしたものではない。また、聴取者の反応については、個人情報保護の観点からメールなどの定期的な廃棄が放送局に義務付けられており、客観的な資料が存在しなかった。今後、放送が聴取者にどのように受け止められたかについては、ヒアリング調査などにより検討していく必要があると考える。

第6章　ラジオの「共感放送」はどこから生まれるのか

第3章から第5章では、災害直後はもちろん長期の災害放送においてもラジオが「共感性」を帯びたコミュニケーションの場となることが確かめられた。このコミュニケーションはラジオ（パーソナリティー）とリスナー、そしてリスナー同士の間に日常から存在し、災害時に拡大するものである。一方で、災害時のラジオは被災地の「内」に向けた放送によって本来の役割を果たすことができるとされてきた。しかし第3章から第5章ではこれにとどまらないラジオの災害放送が浮かび上がってきた。本章ではラジオにおける「共感性」について整理し、ラジオの役割とされてきた「内」に向けた放送に「共感性」がどのように働いているのか、またラジオの「共感放送」がどこから生まれるのかについて考察する。

1　見えないリスナーを可視化する「共感」

共感（empathy）の定義については、第4章第3節で触れた。ここでは共感（empathy）と同情（sympathy）を災害時に当てはめ考察してみたい。

第4章第3節では、共感（empathy）と類似の同情（sympathy）について、「不幸な状況にある、あるいは困難で辛い経験をした他者に対する思いやりや哀悼の感情を表す語として使われてきた」（[111]四一五頁）とした。否定的な感情体験に対して用いられる同情（sympathy）はまた、「する側とされる側に優劣の関係が生じやすく、する側は主体の安定は脅かされることはなく、される側にすれば助けにならないことがあるばかりか、同情されることで見下されたように感じることさえある」（[132]九‐一〇頁）という分析もある。これに対して共感（empathy）は「共感されることによって被共感者が低下した自己評価を回復することになるのであり、そうでなければ同情に終わるといえる」（[132]一〇頁）という。

災害時、被災地にいる人を「かわいそうな人」ととらえ「自分は安全なところにいてよかった」と安心するのは同情（sympathy）に近い。阪神・淡路大震災の際、被災地の被害映像を見ながら東京のスタジオで「これがもし東京で起きていたらこの程度の被害では済まなかったでしょう」という切り口で被害が扱われたのも同情（sympathy）に近い。また被災体験のない人々のなかには同情

（sympathy）すら抱くことができない人もいるだろう。一方、共感（empathy）は被災体験の有無を問わず「自分が被災者だったら」と他者の気持ちになり、必要な支援や励ましを被災地に送ろうとする心の動きで「あわれみをかける者とかけられる者」といった上下関係はなく、互いに水平の関係である。第3章から第5章で述べたラジオの「共感放送」は被災者の立場に立ち、何が必要かを考え心を寄せるものであった。このことから、災害時のラジオの「共感放送」は同情（sympathy）ではなくやはり共感（empathy）であると考えられる。

　ラジオの災害放送における共感（empathy）の広がりを図19に表した。日常の放送では熱心にメールを送る活発なリスナーが水面上に現れる氷山のように顔を出しているが、災害時には共感（empathy）という引力によって氷山が浮かび上がり、存在が見えていなかったサイレントリスナーやエリア外のリスナーが顔を出すというものである。

　災害時にはまず被災当事者であるリスナーの声がラジオに寄せられ、紹介される。リスナーは、日常から親しい関係にある（と感じている）パーソナリティーに対して「きっと聞いてくれる」「わかってくれる」と期待感を抱き「自分の話を聞いてほしい」とメッセージを寄せる。メッセージが読まれたリスナーは自分の苦しみが共有化され、パーソナリティーとの距離がいっそう縮まる。一方で、普段は聴いているだけだったサイレントリスナーもこのメッセージに共感（empathy）を感じ、励ましや反応を寄せることでリスナー同士の距離が縮まる。日常で構築されていたパーソナリティーを中心とする緩やかな連帯が可視化され、実はその連帯の中にいたが存在を明らかにしていなかった人々

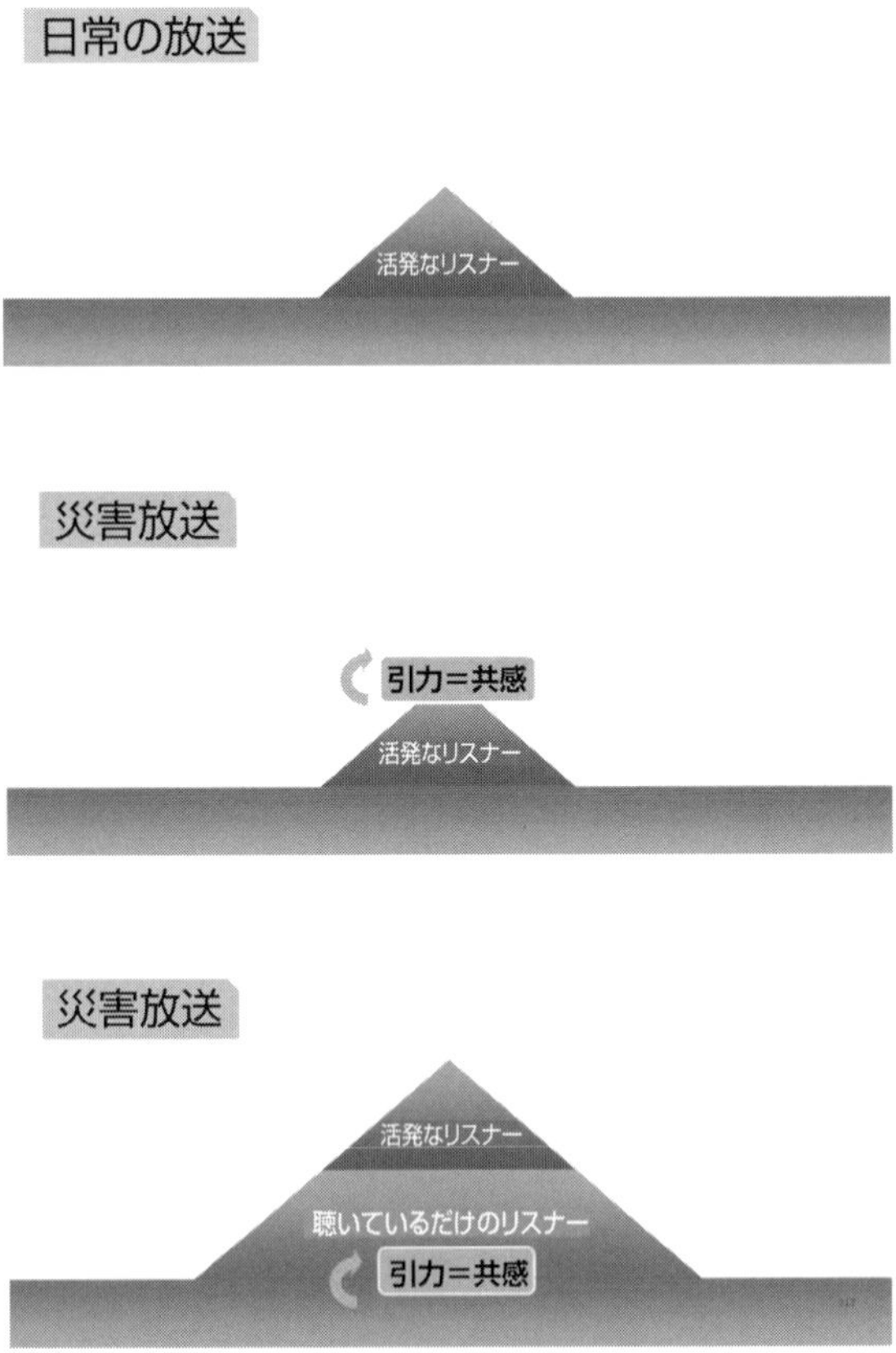

図19　見えないリスナーを引き上げる共感の力

も「初めまして」という挨拶で始まるメールを寄せるようになる。やりとりはさらに活発になり、被災地の「外」からradikoを通じてラジオを聴く人々、普段はラジオを聴かない人々も参加する……という現象が、共感の引力によってもたらされると考えられる。

2　被災地の「内」と「外」を包括する共感

次に、災害放送における「共感」が被災地の「内」と「外」に向けた放送とどのように関連づけられるのかを考察する。すでに述べたように、災害においてラジオは被災地の「内」向け、テレビは被災地の「外」向けの放送をする立場が明確になったのは、新潟地震（一九六四年）以来だとされてきた（[19]）。被災地の「内」に向けた放送の代表は、きめ細かい「生活情報」である。「生活情報」は給水や支援物資、鉄道・道路の運行状況、役所で必要な手続きといった、被災者が生きるために必要な情報である。ラジオはマスメディアであり、国民の財産である電波を割り当てられ、法律によって防災機関としての役割を規定されている「公共財」である。このため日常では特定の個人の利益につながる情報は伝えない。しかし災害時には個別具体的な情報が被災者にとっての命綱となるため、安否情報や個別商店の情報なども伝え、その団体に属しているメンバーに利益をもたらす「クラブ財」(1)のようなはたらきをする。ラジオの重要性は、こうした被災地の「内」に向けた放送を担う点にあるとされてきた。他方で「外向け」の放送は、被災地の惨状を伝えるテレビの「被害報道」に代表され

表14　被災地の「内」と「外」に向けた放送（本書との比較）

	発信者		受信者	内容	放送形態
これまで	内	➡	内	生活情報 安否放送	ローカル放送
	内	➡	外	被害情報	全国放送
	外	➡	外	被害情報 国・公的機関の対応 ボランティア・義援金	全国放送
本書	外	➡	内	励まし 支援	阪神・淡路大震災 広域放送
	内	➡ ➡	内 (外➡内)	被害情報・報告 救援要請・SOS➡支援	熊本地震 radiko(再送信)
	内 外 内	➡ ➡ ➡	内 内 外	救援（直後） 他の災害＝自分ごと（台湾・新潟など） 被災地の知恵（「ネットワーク3.11」）	ネットワーク1・17 (長期災害放送)

る。「内」から「外」に向かう放送は、被災地の局が全国放送に向けて被害の惨状を伝えるものである。被害情報は被災地の「外」において国や公的機関の初期の災害対応やのちの検証において重要であり、ボランティアや義援金を集める力ともなる。しかし「外向け」放送を仕切るのは全国放送のキャスターであることが多く、情報を受け取るのは全国の視聴者であるため、被害状況が「消費」されるのも事実である。これに対して、本書ではラジオの災害放送がこれにとどまらない「内」と「外」を包括していることを確認した。それが表14である。

まず、被災地の「外」から「内」に向けたラジオの災害放送があることを第5章第1節の阪神・淡路大震災の例で示した。「広域放送」であるMBSラジオは被災地を放送エリアに含み、被災地の完全な「外」とは言い切れない。しかしこの立場が被災地の内にいるリスナーと被災地の外にいるリスナーの両方を仲介することとなり、「外」から「内」への励ましや支援を災害放送にのせることができた。

　また第4章の熊本地震の例からは、従来の「内」と「外」にとらわれない構図が見いだされた。まず「内」から「内」に向けたはずの放送が実は被災地に近接しない完全な「外」にも聴かれ、さらには「外」に出たままで終わらず「内」に向けて返されていた。被災地の「内」に向けた「生活情報」が、被災地外のリスナーにとっては被災者の現状を想像しうる貴重な情報となっていたからだ。「外」のリスナーは被災者の置かれた状況の深刻さを理解して共感（empathy）を感じ「内」に向けて励ましや支援を送っていた。これはradikoという聴取形態が新たに生まれたことにより可能になったものである。阪神・淡路大震災（一九九五年）の際は電波を通じ、被災エリアのごく周辺（完全に「外」ではない）にいるリスナーが同様に支援の電話をかけてきた。しかし技術の発展により、電波が届かない完全に「外」のリスナーも「内」に関与することができるようになったといえる。

　次に、被災地の「内」から「内」、「内」から「外」、さらに「外」から「内」の災害放送が、第5章で述べた「ネットワーク1・17」の長期継続放送で確かめられた。ここでは災害後の時間経過に

（1）経済学の用語。「準公共財」ともいう。「公共財」は追加の費用負担なしに（非競合的）多数が等しく享受できる（非排除的）財をさし、本文で言及したラジオの放送のほか、「無料放送」や「政府による外交や国防」などが挙げられる。一方「クラブ財」は会費を払った人が享受できる（排除的）会員制クラブのような財だが、供給する人数が増えても追加費用が発生しない（非競合的）財で、「公共交通機関」「有料放送」などがこれにあたるとされる（たとえば［133］）。

よって「内」や「外」に向く放送が変化していた。まず災害から間もない時期は「内」から「内」への放送が行われ、被災地の問題を当事者の立場で考える内容が扱われた。被災した立場を理解する共感性が強く表れた時期だといえる。しかし台湾集集大地震（一九九九年）や新潟県中越地震（二〇〇四年）などが起き始めると「外」から「内」への放送が行われるようになった。これは、阪神・淡路大震災の被災地が「外」の被災者に共感を寄せるとともに、「自分ごと」として「外」の災害をとらえることによって阪神・淡路大震災をあらためて振り返り、次への備えを見直すものであった。ここにも共感（empathy）がみられる。さらに東日本大震災（二〇一一年）のあとは「内」から「外」への災害放送として、東北に向け「ネットワーク3・11」が放送され、阪神・大震災で得られた経験や知恵を発信した。これも東北の被災地に共感を寄せた結果だといえる。

　これらの事例は、ラジオの災害放送が従来の「内向け」「外向け」といった区別だけでは語れず、むしろ「内」と「外」を包括する災害放送が行われていることを示している。

3　ラジオの「共感性」を生む三要素

　ラジオに共感性が生まれる背景のひとつに、ソーシャルメディアほど先鋭化していないオーディエンス・セグメンテーションがある。「オーディエンス・セグメンテーション」とは第2章第3節で述べたように、生活時間帯によって聴取者層が異なることを意識した番組編成のことである。一九六〇年代、テレビによって勢いを失っていたラジオの起死回生の戦略であり、若者に熱狂的に支持される深夜ラジオが誕生するきっかけともなった。災害放送では、対象を被災者に特化することが「オーディエンス・セグメンテーション」だといえる。阪神・淡路大震災（一九九五年）では被災地にあるラジオ関西（ＣＲ）のみならず、大阪に本社を置く広域放送局でも「被災者向けの放送に徹する」（[77]五頁）などとし、被災者に特化した放送を行った。ただそれは、被災していないリスナーにも開かれた公共の電波である点が、緩やかなセグメンテーションとなっている。

日常では、緩やかなオーディエンス・セグメンテーションにより類似の趣向を持つリスナーがコミュニケーションしやすい場が生まれる。こうしたリスナーの声を生かす「双方向」の番組づくりがラジオでは広く行われている。このためラジオネームが知られるなどパーソナリティーを軸にした「サークル」のような空気も生まれる。第2節の冒頭で述べた通りラジオは国民の財産である電波を割り当てられている「公共財」であるが、個々の番組をみればむしろサークル的な「クラブ財」としての性格を持つといえよう。パーソナリティーを中心に集まるリスナーは、そこにメンバーシップやある種のソサエティーを感じている。ゆえに災害が起きると、会ったこともないリスナー同士が安否を気遣い、互いを思いやる共感（empathy）を発揮する。ラジオの特徴は、この「クラブ財」的なコミュニティが災害時に突然生まれるのではなく、平時から作られていること、そして公共の電波を通し広く公開されているという点だといえる。

ラジオが共感（empathy）を生む場となっているもうひとつの背景に「編集」が加えられる点があ

る。ここでいう「編集」は、テレビのドキュメンタリー番組などで不要なシーンをカットし、つなぎ合わせるのとは異なる意味で用いている。「検閲」でもなければ、都合の悪い部分を削除するという意味でもない。ラジオ局側の思いを加え、受け手が情報を受け取りやすいよう整理するといった意味である。

災害時、人々の声や細かな地域情報が集積することから、最近はソーシャルメディアも幅広く利用されている。しかし情報処理においてラジオとは大きな違いがある。たとえばＸ（旧Twitter）では膨大な量の投稿から「#（ハッシュタグ）」によって自分の知りたい情報を絞り込むスキルがユーザーに求められる。発信者も不特定多数で、少なからずデマや無関係な過去の情報が含まれている可能性もある。これに対して、ラジオは主として「普段からラジオを聴いている人」から情報が集まり、ラジオ制作者が情報の「裏どり」や「判断」を行う「編集」を加え、パーソナリティーが自らの声で発信し、信頼性の担保に努めている。

たとえば熊本地震時、ＲＫＫラジオでは「〇〇では無料で水を配っています」というリスナーのメールを印刷した紙に、スタッフの手書きで「〇時現在も配っています」や「〇時で終了しました」といったメモが添えられていた。パーソナリティーがこのメモもあわせて読むことにより、ラジオは「情報の裏どり」や「パーソナリティーのメッセージ性」という「編集」を加えた放送を行った。その一方で裏どりが困難な情報については、当時の責任者の判断で「一刻を争う状況でもあり、信頼性が高いと判断し裏どりをせず放送に出したこともあった」という。これも「責任者の判断」という

「編集」だといえる。

「編集」によって、誹謗中傷などのメールはそのまま放送に出ることが食い止められるだろう[2]。このように、災害時のラジオはリスナー情報をただ垂れ流しにするのではなく「編集」機能を働かせることで共感性が生まれやすい土壌を作っていたといえる。

以上のことから、ラジオにおける「共感性」は（１）対象を絞り込む（ソーシャルメディアよりは緩やかな）「オーディエンス・セグメンテーション」によって日常から「クラブ財」的性格を帯びていること、そして（２）情報の整理・確認、パーソナリティーの声を通すといった「編集」、この二点を背景に生まれていると考えられる。またこの「共感」は対象との水平的な関係のなかから育まれるものであり「共感」を生むためには日常の放送で親密かつ信頼できる関係を構築することが不可欠である。そのための要素として、（３）思いが交流できる双方向性と余白性を挙げたい。

繰り返し述べている通り、ラジオではリスナーからの意見を放送に生かす（ソーシャルメディアよりは緩やかな）「双方向性」が日常的に存在する。このため災害時には「つぶやき」のような被災者の声を紹介し、音楽をかけることもする。これは情報を詰め込み一方的に流すのではなく「共感性」が発揮されるための「すきま」を許す「余白性」ともいえる。

（２）ただし熊本地震でＲＫＫラジオに寄せられたメールを筆者が確認したところ、保管されているメールで誹謗中傷にあたるものは存在しなかった。

実はラジオの「余白性」は放送に出ない場面でも生かされている。第５章第１節で述べたように阪神・淡路大震災（一九九五年）では、被災エリアにあったラジオ局同様、ＭＢＳラジオでもリスナーからの電話をオペレーターらが取り続けた。筆者による当時のオペレーターらへのヒアリング調査（二〇二〇年一月二〇日）で、次のようなことがわかった。リスナーからの情報提供や問い合わせ以外に、放送に出ない「つぶやき」のような電話を受け取った担当者が複数いたのだ。オペレーターＡさんは「私はいま、死体安置所〔ママ〕にいます」という若い女性の電話を取った。遺体安置所にいる、その事実を話せる人はいなかったのだろうか、亡くなったのは両親だろうか……一瞬のうちにさまざまな思いを巡らせ、Ａさんは声をかけ続けた。やがて女性は「ありがとう」と言って電話を切った。また深夜の勤務をしていた学生アルバイトのＢ君は、決まって午前二時前後にかかってくる高齢女性の電話にずっとつきあった。見知らぬ人ばかりがすし詰めになっている避難所では眠れない、というつぶやきだった。電話のことを聞いたディレクターはＢ君に「自分の彼女やと思ってつきあってあげて」と指示を出し、Ｂ君は電話がかかるたび、丁寧に向き合ったという。日常のラジオ番組でも自殺予告の電話がかかってくることはあり、オペレーターたちは決して途中で電話を切らないことを鉄則にしていた。日常に存在した「余白性」が災害時に拡張的に求められたともいえる。

熊本地震（二〇一六年）ではラジオの意見募集はメールが主流となっていた。電話からメールへと情報伝達手段は変化したが、第４章第４節で述べたように地震で寄せられた「まあー怖かった」「眠れない」といったリスナーのメールは、一九九五年当時の電話とよく似たものがあり、放送局がこれらを受け止める「余白性」を有していたことが推測できる。

電話であれメールであれ「つぶやき」のようなリスナーの声を受け止めるラジオの働きは、被災地で行われる「足湯ボランティア」を連想させる。阪神・淡路大震災で誕生し、東日本大震災などでも広く行われた「足湯ボランティア」については第5章で述べた災害番組「ネットワーク1・17」でも放送してきた。これは東洋医学的な疲労回復や癒しだけが目的ではない。緊張がほぐれた被災者が問わず語りに本音を話し始めるという思わぬ効果が見いだされ、これを傾聴し、被災地のニーズや不足している支援をくみ取る貴重な場となった。こうした unmet needs（まだ満たされていない潜在的なニーズ）は、ずかずかと被災地に入ってくる外部の人間には簡単に拾うことができない。同様に「つぶやき」を受け入れる「余白性」があるラジオは、被災者の unmet needs を拾うことのできるメディアであり、完成度の高い映像のパッケージとして情報を伝えるテレビとは異なる機能があると考える必要がある。

以上のことから、ラジオの「共感放送」が生まれる背景には、（1）ラジオの緩やかなオーディエンス・セグメンテーションや（2）編集機能、そして（3）双方向性や余白性があると考えられる。これらを大切にすることによって、被災地の「内」に向けた災害放送も結果的に「外」をも巻き込んで包括する放送に広がる可能性を持っている。

一方で、ソーシャルメディアにも「共感（empathy）」はあるという主張も成り立つだろう。他人の投稿に対して押される「いいね！」である。「いいね！」は「その通り」「自分もそう思う」「いい写真だね」などさまざまな意味を込めて押される。ただ、感覚を同じくする人によって即時反応的に押されることが多く、万人に向けて同じように働くのではなく、縁者や友人、類似性の近しい者に対して差別的、贔屓的に働く同情（sympathy）に近いと考えられる。また自分がどう感じ、どのような理由で「いいね！」を押したかという説明は必要とされない。第2章第4節で述べたように、インターネットの速さが原因で、ネットが人間を「考えさせない」ための道具にしているという指摘もある（[96]）。これに対しラジオのリスナーが寄せる共感（empathy）は、思考を再編成し言語化するといった作業を経ており、さらにパーソナリティーの声を通して伝えられる。反射的な同情（sympathy）とは区別されるべきだろう。

共感（empathy）は災害復興においても重要である。阪神・淡路大震災で神戸市では区画整理事業による震災復興まちづくりが行われた。事業の完了が最も早かったのは長田区の鷹取東第一地区で二〇〇一年に完了した（[134]）。このなかで野田北部というひとつのコミュニティのなかの一部だけが事業区域に指定され、震災復興をめぐり町内が二分されるような状況だったが、ここでは当時の筆者の取材に基づき、住民の合意形成についてのみ述べたいと思う。野田北部では事業に指定されなかった区域の住民も、一体感のある街並みにするため、道路に土地を提供するセットバックに合意するなど、丁寧な合意形成が行われた。役所と住民の間に入ったまちづくり協議会の役割が大きかったように思う。侃侃諤諤、とことん行政とやりあい、時には一緒に酒を飲み、住民にとって少しでもよい条件を引き出したまち協が住民説明会を取り仕切った。住民にとってはよく見知ったまちの「お兄ちゃんたち」が行政用語を翻訳し、説明した。住民説明会で説明を行うのは通常、行政職員であり、他の地区では区画整理反対で団結した住民が行政と対立し、合意形成が前に進まなかったケースもある。野田北部ではまち協が情報の結節点となり、多様な意見を取り込んで行政職員をも味方につけた。震災前から住民をよく知るメンバーがさまざまな意見を受け止め、それを発信するラジオのような役割を果たしていたといえないだろうか。その結果、事業に指定された地区、されなかった地区それぞれの住民が互いに共感（empathy）を働かせた。共感（empathy）は復興のドライブともなる可能性を秘めているといえる。

被災者を「かわいそうな人」とみなし、一方的に支援を与えるのは同情（sympathy）に近い。長い目で見れば、被災者が自立し生きがいを持つためには、被災者自身の力を引き出し「後押し」をする復興支援が必要である。一方的な支援者と受援者の関係ではなく、どん底から立ち上がる力を持つための「伴走者」の態度が共感（empathy）であるともいえる。

さらには災害予防のためにも共感（empathy）は欠かせない。「他人事」が次の瞬間には「自分ごと」になってしまうのが災害であり、防災・減災は被災を「わがこと・自分ごと」として想像することから出発するからである。ラジオの災害放送に流れる「共感（empathy）」は災害復興や防災・減災の重要な要素でもある。

第7章　ラジオの災害放送に関する提言

本書は、「災害時の必需品」といわれながら、メディアの多様化、災害の頻発化・局地化・激甚化、そして災害放送に求められる変化のなかにあり、存在感を失いつつあるラジオが、災害放送と減災コミュニケーションにおいて果たす役割を明らかにしようとしたものである。具体的には、従来からいわれている「災害放送の四パターン」（防災放送、被害報道、安否放送、生活情報）以外に第五のパターンが存在するのではないかとの仮説に基づき、「共感性」を軸に分析を進めた。まず第2章でラジオのメディア史と災害史を概観し、第3章から第5章で、それぞれ「送り手（ラジオ制作者）からみた災害放送」「受け手（リスナー）からみた災害放送」「長期継続した場合の災害放送」の三つの事例によって分析した。その結果、ラジオの災害放送には共感性に根ざした第五のパターンと呼べるラジオ特有の災害放送が存在することがわかった。本書ではこれを「共感放送」と名付けた。そして、災害時「いつものパーソナリティーの声が聞こえてほっとした」、あるいは「ラジオに物心両面で救われた」「ラジオがなければ精神的にどうなっていたか考えると怖くなる」といった声がリスナーから寄せられたように、従来のパターンだけでなく「共感放送」が災害時にラジオが必要とされる重要な要素ではないかということがわかった。

そもそも日本でのラジオの誕生（一九二五年）には災害が深く結びついている。震災前から高まりつつあったラジオ熱を後押ししたのは関東大震災（一九二三年）であった。理由のひとつが、流言により朝鮮人（朝鮮人と誤解された人々を含む）の虐殺などを招いたことであったため、「ラジオさえあれば……」という人々の思いを高め、放送関係法の制定を急がせることになった。しかし災害放送を行うメディアとしてラジオは未成熟であった。ラジオが初めて迎えた災害である室戸台風（一九三四年）では防災放送を行うことができなかった。それが観測予報技術の発達や災害の経験とともに改善されていき、伊勢湾台風（一九五九年）でついに、事前に具体的な備えを呼びかける防災放送が実現した。また新潟地震（一九六四年）では災害時、テレビは被災地の外へ被害の映像を、ラジオは被災地の内に向けて安否放送や人々が生きるための生活情報を伝えるという役割分担が明確になった。

その一方で、戦時中は「挙《こぞ》って国防　揃ってラヂオ」の標語や、戦意高揚に加担する「放送報国」の掛け声のもと、ラジオは政府の意図をあまねく伝達する機関となり、事実と異なる大本営発表を伝え続けた側面もある。この反省から戦後の一九五一年以降、県域を基本とした民放が続々と誕生し、ラジオは地域密着の度合いを強め全盛期を迎えた。ただそれも一九五三年から登場したテレビに押され、一九五九年を境にラジオは次第にその影響力を失っていく。本来のラジオらしさとは何か。高度経済成長期を迎え、生活スタイルの変化によって「ながら聴取」「個人聴取」が増えたことを背景に、ラジオの模索が始まる。そして生まれたのが、いまに続くパーソナリティー、生ワイド番組、リスナー参加型の番組形式であった。本来、「放送」（一九一七年、三島丸の通信日記で初めて使用された言葉）は一方的に「送り放し」であることを示す通信用語であった。しかしラジオはそれにとどまらなかった。大量送信のマス・コミュニケーションでありながら「一人ひとりに語りかけるような」親密な関係を築く「マス・パーソナル・コミュニケーション」の性質をそなえていくのだ、とこの時代の『ラジオ白書』がうたっている。その言葉通り、受験生や中高生が「兄貴」「姉貴」と慕うパーソナリティーに向けてハガキを送り、リスナーとパーソナリティーとの間に親しい関係が生まれる、といった深夜ラジオのスタイルが起死回生の起爆剤となった。この「マス・パーソナル・コミュニケーション」は一見、災害放送とは何の関係もないように思える。しかしこのようなラジオとリスナーの日常の関係性が災害時にも発揮され、互いを思いやる「共感放送」の土台となっていることが、本書の事例分析からも明らかになった。

　これらから、以下のような結論が導き出された。

（1）災害放送には従来の四パターン以外にも「共感放送」が存在することが明らかになった。

本書では災害情報が問われる契機となった阪神・淡路大震災以降の事例に注目し、分析を行った。その結果、従来示されていた災害放送の四パターン（防災放送、被害報道、安否放送、生活情報）以外にも、共感性に根ざした特有のパターンがラジオにあることがわかった。本書ではそれを「共感放送」と名付けた。「共感放送」はラジオの「送り手（制作者）」側からみると「リスナーの置かれた状況に寄り添い、共感することでラジオが励ましや音楽などを提供すること」である。またラジオの「受け手（リスナー）」側からは「親しい人だけに打ち明ける個人の感情」「被災者への連帯」「被害の報告のなかに込められた他者への気遣い」「ラジオへの親しみ」「支援の要請とそれに応える支援の申し出のやりとり」「音楽をめぐる交流」「他者の置かれた状況に共感し、それまで見えなかったリスナーが存在を現すこと」といったパターンが共感放送として浮かび上がった。また長期の災害放送においては、他の地域の災害を「自分ごと」としてとらえる共感によって自らの備えを見直し、災害対応サイクルの減災や予防の段階となるMitigation（被害抑止）やPreparedness（被害軽減）へとフェーズを進ませる可能性があることもわかった。またいずれの「共感放送」も、支えるのは共感(empathy)である。この共感性は対象者を憐れむのではなく相手の立場に立って考える、水平の関係から生まれるものである。

（2）これまでラジオの役割とされてきた被災地の「内」に向けた災害放送だけでなく、「内」と「外」を包括する災害放送が行われていることがわかった。それを支えるのは共感性である可能性がわかった。

ラジオは被災地の「内」にいるリスナーに向けて生活情報を中心とする災害放送を行うことが役割

とされてきた。しかし阪神・淡路大震災の広域放送局では被災地の少し「外」から「内」に向けての支援や励ましが送られ、熊本地震の県域放送局ではradikoを介した放送によって「内」に向けての生活情報が「外」のリスナーにとっては被災実態を実感させる情報として機能していた。さらには「外」のリスナーが「内」に向けて支援や励ましを送るというフィードバックも行われていた。また、災害番組「ネットワーク1・17」においては阪神・淡路大震災からの時間経過にともない、台湾や新潟という「外」の被災地から神戸の「内」に向けた災害放送が「自分ごと」として受け止められ、防災・減災の見直しを促した。東日本大震災の際には神戸の教訓や知恵を東北へ伝える「内」から「外」への災害放送も行われ、いずれも「内」と「外」を包括するような災害放送が存在することがわかった。被災地の「外」を拒絶することなく被災地の「内」と「外」にいるリスナーが同一化し、ともに被災地に心を寄せる放送が行われたことになり、共感（empathy）が背景になっている可能性がわかった。

（3）共感放送を支えるラジオの特性が明らかになった。

本書ではまず、歴史的経緯を振り返ることによってラジオの今日的役割を四点見いだした。（1）双方向性、（2）継続性・サイクル性、（3）地域性、（4）同時性である。しかもこれらの役割が、インターネットメディアと比較するとどれも「緩やかな」ものであることが重要な点であることがわかった。（1）個人対個人の衝突を生むほどの双方向性ではなく、（2）予防報道を日常生活に溶け込ませるかたちで行うことができる継続性、（3）狭い地域性ではなく、県域（都道府県内）や同一文化圏単位の比較的広域の範囲内での地域性、（4）原則、生放送でありradikoでの繰り返し聴取も一週間以内にとどまる「緩やかな」同時性、これら四点がラジオの特性といえる。

そして「共感放送」を支えるのはこれらの「緩やかな」特性とともに、（5）ソーシャルメディアほど先鋭化しないオーディエンス・セグメンテーション、（6）情報の裏どりをする・誹謗中傷などをそのまま出さないなどの編集、（7）音楽やリスナーの声を流すことのできる余白性といった要素であることがわかった。

以上のように「共感放送」を軸とした災害放送を行っていくことで、ラジオは今後も減災コミュニケーションの手段として機能する可能性を持っていることが明らかになった。

これらを踏まえたうえで、今後の提言を行う。

提言1

日常の番組づくりをいま以上に大切にする。それは「いつもの声」を形成することであり、災害時に備えて専門家や関係者との信頼関係を築く土台ともなる。

第3章で災害放送が日常の放送と切り離せないことを述べた。たとえば災害がテーマでなくともひとつの看板番組、長寿番組に注力しリスナーとの信頼関係を構築する。あるいは毎月、決まった日に災害や防災を考える放送を行う[1]といったことが考えられる。特別報道をする余力がない場合は、ワイド番組の一コーナーでもよい、折に触れて災害や防災の話題をパーソナリティーが伝えることを意識する。防災に関心のないリスナーも、パーソナリティーの声を聞くために自然と耳を傾けてくれることが期待できる。また被災することは日常を失うことでもある。そのとき「いつもの声」は一筋の光となるだろう。

その一方で、より多くの人に番組を届ける工夫を怠らないことも必要だ。避難所にはラジオの導入を呼びかける。また現在も行われているX（旧Twitter）などソーシャルメディアとの連動、radikoやポッドキャスト、YouTube、音声アプリなどによる配信のほか、コンテンツの文字化など従来の電波一辺倒だけでない発信を模索することが求められる。

提言2

災害時のラジオに求められるのは情報だけではない。「共感放送」という役割にラジオ関係者は誇りを持ち、どうすれば実現できるのかを日常から考えてほしい。

（1）東日本大震災が起きた一一日を毎月「茨城放送防災の日」と定め、一日中、各番組が防災を取り上げる茨城放送の取り組みなどがある。

ラジオの市場規模は年々縮小しラジオに携わる人員は減少している。にもかかわらずラジオには防災機関としての役割が求められている。「災害放送」と聞くと、災害直後、洪水の如く押し寄せる情報を放送にのせることに意識が向きがちだ。しかしラジオの災害放送の本質は単なる情報提供ではない。むろん、直後は公的機関との連携、情報提供の一翼を担う地域の人々——第３章で例に挙げたスポンサー、タクシー運転手や理髪店、お天気リポーターなども含まれる——との関係構築、省力化のための技術開発が助けになるだろう。情報はリスナーに募り、集積場としての役割に専念してもよい。近隣のラジオ局などと手分けして放送時間を割り振り、合同放送をするなど思い切った策も考えられる。

防災は一朝一夕には実現しない。日常から防災に関する知識や経験から得た知恵、被災者の思いなどを伝え、情報のストックをリスナーと共有していくことが重要である。熊本地震では、情報番組に出演歴のあった研究者が地震直後、自らＲＫＫラジオに連絡し出演を申し出た[2]。専門家や支援者などが日常からパーソナリティーや制作者との信頼関係を築くことで、災害時にも「自分の発言がどんなふうに取り上げられるかわからない」といった不安を払しょくすることができるだろう。

地上アナログテレビで使用されていた周波数帯を有効活用しようとマルチメディア放送が新設されたがi-dio[3]が二〇二〇年に事業終了するなど、活用はうまくいっているとはいえない。また二〇二二年には、阪神・淡路大震災を契機に開局したコミュニティＦＭが閉局や翌年での閉局を決めるという事態が関西で相次いだ。「災害時の情報はＳＮＳやインターネットでも入手できる」などとして、行政からの補助や業務委託が打ち切られるなどしたものだ。営業努力を強いられる民放ラジオにとっても対岸の火事ではない。しかし災害時にＳＮＳやインターネットが問題なく使えると誰が断言できるだろう。そもそもラジオは「災害時のみの情報手段」ではない。日常からの継続性が前提であり、全国放送などが報道しなくなったあとも災害放送を続けることが大きな役割であることを認識する必要がある。

提言3

共感性に支えられるラジオ独自の災害放送を行うためには、被災地の温度を皮膚感覚で伝えることが重要である。パーソナリティーに代表されるラジオの出演者はスタジオにとどまるだけでなく被災地に積極的に入ることが求められる。

（2）担当者へのヒアリング調査による。

（3）i-dio（アイディオ）はVHF-Low帯を使用したマルチメディア放送の愛称。全国を七つの地方ブロックに分け、地域密着の生活情報などを提供しようと二〇一六年本放送を開始した。「デジタルラジオ」でのコンテンツ提供や、災害時も輻輳しない放送波を生かした自治体向けの防災情報伝達サービス（V-ALERT）を展開したが収益化が困難だったことから二〇二〇年放送を終了した（[135][136][137]も参照）。

被災地では被害の程度の差などにより「温度差」が生じやすい。全国放送とローカル放送だけでなく、スタジオと現場リポーターの間にさえ「温度差」は生じる可能性がある。

「取り残された」と感じる被災者をできる限りなくすためにも、放送の伝え手が直接被災地に入り、多様な人々の小さなつぶやきに可能な限り耳を傾けることが求められる。これらを担う出演者にはマニュアル通りではない人間力や共感力が必要となる。刻々と変わる被災地の空気を知りニーズを直接把握することは、放送局の存在意義をかけた災害放送になくてはならないものである。またこれらをリアルタイムに放送することによって「この瞬間、共にいる」という連帯感をリスナーと分かち合うことにもつながる。さらには復興から予防へと災害対応サイクルを進める時期の適切な見極めにも役立つだろう。


こうしたことを少しずつ実現することにより、「ラジオはフェイクを語らない」「ラジオは裏切らない」との信頼感を得ることが何よりも重要である。

わずかな人数で支えられている民放ラジオが、これらを実現するのは簡単ではない。社会の側にも、高い公共性を担うラジオを育てる環境づくりが求められるだろう。「金は出すが口は出さない」といった支援のあり方も強く望まれる。

通信手段が多様化し、ラジオに頼らずとも災害時に情報が入ってくると考える人も多いだろう。ただ、通信の途絶は巨大地震だけで起きるわけではない。二〇一八年の北海道胆振東部地震で北海道がブラックアウトしたことはすでに述べた。二〇二一年には福島県沖を震源とする地震の影響を受け、東北地方だけでなく東京でも停電している。二〇一九年の台風一五号では関東地方で大規模な停電が起きた。集中豪雨や大雪でも停電は起きる。電話、インターネット、スマートフォンなどあらゆる通信手段が機能不全に陥る事態はそう珍しくはない。そのとき「ラジオだけが聞こえる」ことは充分に考えられる。一九九五年の阪神・淡路大震災での混乱は「古い時代の終わった話」ではなく「機能不全に陥った現代」が再び迎える可能性のある話である。

わたしたちは「災間」に生きている、といわれる。「災間」は社会学者の仁平典宏が『「辺境」からはじまる　東京／東北論』の中の「〈災間〉の思考」（[138]）で提起した概念である。仁平は、東日本大震災後のいまが、将来の歴史家によって「二つの災害に挟まれたつかの間の平時」＝〈災間期〉と記述されうる不安がわれわれを取り巻いているとした。しかしこれは、わたしたちが災害と災害との間を生きている、という単純な意味ではないと防災心理学者の矢守克也らは指摘する（[139]）。一度きりで終わる災害に備えて一気に社会を変えていこうとするのではなく、過去の災害も未来の災害とも粘り強く併走して「ウィズ災害」で社会を作っていこう、というのが「災間の思考」である。「ウィズコロナ」において、ラジオは「リスナーの声や悩みを随所で紹介し」、「卒業式ができない学校のためにラジオ卒業式を放送し」、「誹謗中傷などのメールなどには特に気をつけ」、「医療従事者・エッセンシャルワーカーへの感謝を呼びかけ」、「世代間、地域間での対立を生まない表現への配慮」をしながら放送していた。ラジオの日常性、共感性は、「ウィズ災害」であるべきいま、「災間」に生かされるのではないだろうか。

ただし共感にはダークサイドがあることも指摘されている。たとえば妬み（envy）とそれに続く「他人の不幸は蜜の味」という陰性の感情（シャーデンフロイデ、Schadenfreude）によって抑圧されることがあることや、このような競争的感情が攻撃的行動を誘発する可能性があることも指摘されている（［115］一二九頁）。そして、共感は操作に対して脆弱であるという指摘もある。社会心理学者の遠藤由美は、「メディアが特定の個人にスポットライトを当てると、その個人への共感から、全体的視野からの困難度必要度が考慮されずに種々の援助・支援がそこに集中し、共感・支援を待つ緊急度の高い他の人々が、私たちの視野から消え不可視となる傾向がある」（［140］九五頁）とメディアの操作について言及している。そして「ある人への共感がより大きな社会の視点からは向社会的（prosocial）とは言い難い状況を作り出す可能性があることになる」（［140］九五頁、強調は原文）とする。また遠藤は、共感は相手を選び、その対象となるのは「内集団や好意を抱くことができる他者であり、それらに該当しない他者へは共感が弱い」と共感の限界を指摘する（［140］九六頁）。災害では、被災した人々が同じ境遇だと感じ互いを気遣い助け合う「災害ユートピア」と呼ばれる現象があることが知られている（［141］）。しかし復旧復興が進むと、経済力や地域差などによる「復興格差」が生じ、被災者は「みな同じ境遇」ではなくなってくる。そのときになっても共感を維持し、被災者に伴走し防災・減災につなげられるかは、ラジオの共感放送の課題だといえる。

心理学者の長谷川寿一は、「ヒトが有する心的特性で他の生物と決定的に異なる特性は、血縁者のみならず非血縁者と共に、きわめて高度で複雑で大規模な協力的社会を構築し、見ず知らずの他者に対してさえ向社会的に振舞う点にある」（〔11〕四一一頁）としている。そして、行き過ぎた競争社会を見直し、共生という言葉で代表される相互に支えながら生きる暮らし方が求められるようになってきたことや、グローバル化にともなう多文化共生の実現が大きな課題となっていることに触れ「共感性は共生社会を支える主要な心である」と指摘している。自然災害からの生活再建にさえ「自己責任」という言葉が聞かれる現代で、人々をつなぐ共同体を作りだす「共感放送」のようなコミュニケーションの形態は、今後の社会にますます必要とされるのではないか。ただしそれが暴走し、特定の集団のためだけに働くことのないよう、「共感放送」の送り手側も意識を高める必要がある。

「オールドメディア」といわれるラジオには「オールド」なりに積み重ねてきた一〇〇年の歴史がある。多様なメディアが出現するなか、民放ラジオはそれらのメディアと張り合うのではなく、連携しながら自らの災害放送を確立していけばよいのではないか。テレビにはないきめ細かな情報と「双方向性」や「余白性」に支えられた共感性、コミュニティ単位のラジオにはない被災地の「内」と「外」を包括する一体性、ソーシャルメディアにはない「編集」と日常からの親密性と信頼性、緩やかさ、これらをもう一度見つめ直し、今後の災害放送に生かしていくことが重要である。災害時のラジオは情報入手手段として「役に立つ」から残すべきだというのではない。「役に立たない」かもしれない余白、「ラジオ的なもの」があるからこそ災害時に必要となるのである。ラジオは減災コミュニケーションの重要な手段として今後もなくてはならないものである。

参考文献

［1］佐藤多佳子『明るい夜に出かけて』新潮文庫、新潮社、二〇一九年

［2］総務省「震災時に利用したメディアの評価」https://www.soumu.go.jp/johotsusintokei/whitepaper/ja/h24/html/nc131110.html（参照二〇二一年一〇月一三日）

［3］日本民間放送連盟研究所編『民放経営四季報』一二二号、日本民間放送連盟研究所、二〇一八年

［4］朝日新聞大阪夕刊「「日常」鍛え「いざ」に備える　豊島美雪（回り舞台・放送）」一九九六年九月一二日

［5］木村幹夫「東日本大震災時にメディアが果たした役割（〈特集〉災害と情報）」『情報の科学と技術』六二巻九号、二〇一二年、三七八-三八四頁

［6］日本放送協会編『20世紀放送史』日本放送協会、二〇〇一年

［7］内閣府防災担当「日常生活における防災に関する意識や活動についての調査結果《概要》」http://www.bousai.go.jp/kohou/oshirase/pdf/20160531_02kisya.pdf（参照二〇二一年一〇月一三日）

［8］日本民間放送連盟研究所編『ソーシャル化と放送メディア』学文社、二〇一六年

［9］日本民間放送連盟「ラジオの意義と課題」総務省・放送を巡る諸課題に関する検討会「放送事業の基盤強化に関する検討分科会」説明資料 https://www.soumu.go.jp/main_content/000610221.pdf（参照

二〇二一年一二月一八日）
［10］電通「調査レポート　２０２２年日本の広告費」https://www.dentsu.co.jp/news/release/2023/0224-010586.html（参照二〇二三年六月二日）
［11］日本災害情報学会「日本災害情報学会学会概要」http://www.jasdis.gr.jp/09annnai/index.html（参照二〇二一年一二月二八日）
［12］内閣府「令和５年版防災白書　附属資料２　自然災害による死者・行方不明者数」防災白書：防災情報のページ https://www.bousai.go.jp/kaigirep/hakusho/pdf/r5_fuzokusiryo1.pdf（参照二〇二三年六月二一日）
［13］内閣府「令和５年版防災白書　附属資料１　我が国における昭和20年以降の主な自然災害の状況」防災白書：防災情報のページ https://www.bousai.go.jp/kaigirep/hakusho/pdf/r5_fuzokusiryo1.pdf（参照二〇二三年六月二一日）
［14］国土交通省「令和３年版国土交通白書２０２１　危機を乗り越え豊かな未来へ　第１章　現在直面する危機と過去の危機　第１節　現在直面する危機　２災害の激甚化・頻発化（２）豪雨災害の激甚化・頻発化」https://www.mlit.go.jp/hakusyo/mlit/r02/hakusho/r03/pdf/np101100.pdf（参照二〇二三年六月二一日）
［15］国土交通省「令和４年版国土交通白書2022——気候変動とわたしたちの暮らし　序章　気候変動に伴う災害の激甚化・頻発化」国土交通白書 https://www.mlit.go.jp/hakusyo/mlit/r03/hakusho/r04/pdf/np100000.pdf（参照二〇二三年六月二一日）
［16］佐藤恵「被災障害者の困難とボランティア／ＮＰＯによる支援」『現代社会学理論研究』一一巻、二〇一七年、二三―二八頁

[17] 大塚毅彦・松本滋「阪神・淡路大震災における仮設転居層の住宅・生活復興に関する研究」『住宅総合研究財団研究年報』二九巻、二〇〇三年、三一三-三二三頁
[18] 廣井脩・中村信郎・関谷直也「集中講座報告　災害放送担当者のための集中講座」『東京大学社会情報研究所紀要』六五号、二〇〇三年、一二九-二六一頁
[19] 廣井脩「災害放送の歴史的展開」『放送学研究』四六号、一九九六年、七-三二頁
[20] 小田貞夫「災害とマス・メディア」廣井脩編著『災害情報と社会心理』北樹出版、二〇〇四年、一〇二-一二二頁
[21] マーシャル・マクルーハン『メディア論——人間の拡張の諸相』栗原裕・河本仲聖訳、みすず書房、一九八七年
[22] マーシャル・マクルーハン『グーテンベルクの銀河系——活字人間の形成』森常治訳、みすず書房、一九八六年
[23] ウォルター・J・オング『声の文化と文字の文化』桜井直文・林正寛・糟谷啓介訳、藤原書店、一九九一年
[24] 石井彰「ラジオと地域情報メディアの今後に関する研究会報告書　総務省」https://www.soumu.go.jp/main_content/000073526.pdf（参照二〇二一年一〇月二三日）
[25] 河田惠昭「巨大な自然災害と防災工学」日本リスク研究学会編『リスク学事典　増補改訂版』阪急コミュニケーションズ、二〇〇六年
[26] 岡田弘「2000年有珠山噴火における火山情報と減災コミュニケーション」『日本火山学会講演予稿集』二〇〇四巻、二〇〇四年、三九-四〇頁
[27] 岡田弘・宇井忠英「噴火予知と防災・減災」宇井忠英編『火山噴火と災害』東京大学出版会、一九九九

七年、七九-一一六頁

[28] 渥美公秀・菅磨志保「減災コミュニケーションツールのデザインに向けて——CSCD減災コミュニケーションデザイン・プロジェクトの概要」『大阪大学大学院人間科学研究科紀要』三二巻、二〇〇六年、一九五-二〇九頁

[29] 室﨑益輝「減災コミュニケーション、その必要性と方向性」『都市住宅学』二〇一一巻七二号、二〇一一年、五〇-五四頁

[30] 日本民間放送連盟「よりよい放送のために」https://j-ba.or.jp/category/references/jba101959（参照二〇二一年五月二三日）

[31]「気象業務法 e-Gov 法令検索」https://elaws.e-gov.go.jp/document?lawid = 327AC0000000165（参照二〇二二年一月五日）

[32] 村上聖一「放送史への新たなアプローチ（1） 放送の「地域性」の形成過程——ラジオ時代の地域放送の分析」『放送研究と調査』六七巻一号、二〇一七年、二八-四七頁

[33] 兼古勝史「熊本地震におけるコミュニティラジオ局の対応——校歌のリクエスト放送の事例に見る音響共同体の位相」『共栄大学教育学部研究紀要』一号、二〇一七年、六一-七二頁

[34] 鈴木敏子「コミュニティFM局を活用した防災に強いまちづくりに関する研究——静岡県中部地域を例に」『情報（電算）シンポ』日本建築学会、三九号、二〇一六年、一八一-一八四頁

[35] 臼田裕一郎・長坂俊成・安倍祥・小田淳一「コミュニティFMによる災害放送の実態と今後の課題」『主要災害調査』四二号、二〇〇九年、六九-一〇三頁

[36] 石尾広武・福田正己・堤行彦・澤田結基「効果的な災害情報伝達方法の検討」『都市経営　福山市立大学都市経営学部紀要』八号、二〇一五年、九七-一〇四頁

[37] 市村元「東日本大震災後27局誕生した「臨時災害放送局」の現状と課題」『日本の地域社会とメディア』関西大学経済・政治研究所、二〇一二年、一一五−一四六頁
[38] 村上圭子「東日本大震災から1年 ポスト東日本大震災の市町村における災害情報伝達システムを展望する――臨時災害放送局の長期化と避難情報伝達手段の多様化を踏まえて（再録 東日本大震災とメディア）」『放送研究と調査』五七巻、二〇一三年、二三六−二六三頁
[39] 大内斎之「臨時災害放送局における災害報道の機能に関する考察――宮城・山元町臨時災害放送局を事例として」『現代社会文化研究』六二号、二〇一六年、九一−一〇八頁
[40] 総務省「電波利用ホームページ　コミュニティ放送の現状」https://www.tele.soumu.go.jp/j/adm/system/bc/now/（参照二〇二三年五月二六日）
[41] 水越伸『21世紀メディア論　改訂版』放送大学教育振興会、二〇一四年
[42] 吉見俊哉『「声」の資本主義――電話・ラジオ・蓄音機の社会史』講談社、一九九五年
[43] 日本放送協会放送文化研究所・小田貞夫『放送の20世紀――ラジオからテレビ、そして多メディアへ』日本放送出版協会、二〇〇二年
[44] 日高一郎『日本の放送のあゆみ』人間の科学社、一九九一年
[45] 坂田謙治『「声」の有線メディア史――共同聴取から有線放送電話を巡る〈メディアの生涯〉』世界思想社、二〇〇五年
[46] 水越伸『メディアの生成――アメリカ・ラジオの動態史』同文舘出版、一九九三年
[47] 清水真「短波国際放送「ラジオ・フリー・ヨーロッパ」の方針転換に関する考察――宣伝放送から国際放送への性格変容」『応用社会学研究』四九号、二〇〇七年、七三−八四頁
[48] 金杉高雄「政治言語論――国家社会主義ドイツ労働者党１９２５−１９３４（１）」『太成学院大学紀

要』一九巻、二〇一七年、三一-四〇頁

[49] 逓信外史刊行会編『逓信史話　上』電気通信協会、一九六二年

[50] 竹山昭子『ラジオの時代――ラジオは茶の間の主役だった』世界思想社、二〇〇二年

[51] 三上俊治・大畑裕嗣「関東大震災下の「朝鮮人」報道の分析」『東洋大学社会学研究所年報』一八巻、一九八五年、四一-七〇頁

[52] 復興調査協会編『帝都復興史　附・横浜復興記念史　第3巻』興文堂書院、一九三〇年

[53] 内閣府「災害教訓の継承に関する専門調査会報告書平成20年3月　1923 関東大震災【第2編】第3章 地域の対応　第2節　横浜・神奈川での救援・救済対応」https://www.bousai.go.jp/kyoiku/kyokun/kyoukunnokeishou/rep/1923_kanto_daishinsai_2/pdf/13_chap3-2.pdf（参照二〇二三年五月二四日）

[54] 岩間政雄編『ラヂオ年鑑　１９２６年度』ラヂオファン社、一九二五年

[55] 国立国会図書館「後藤新平　近代日本人の肖像」https://www.ndl.go.jp/portrait/datas/79/（参照二〇二三年五月二四日）

[56] 人見佐知子「天王寺公園のラジオ塔」『民俗文化』三二号、二〇二〇年、四九-六四頁

[57] 人見佐知子「〈近畿の民俗・文化〉ラジオ塔についての覚書」『民俗文化』三一号、二〇一九年、一八三-二二七頁

[58] 福和伸夫「84年前のひな祭りの日に襲った大津波、東日本大震災から6年を前に思い出しておきたい」Yahoo!ニュース https://news.yahoo.co.jp/byline/fukuwanobuo/20170303-00068313（参照二〇二一年一〇月二三日）

[59] 北原糸子・松浦律子・木村玲欧編『日本歴史災害事典』吉川弘文館、二〇一二年

[60] ＮＨＫサービスセンター編『放送80年――それはラジオからはじまった』ＮＨＫサービスセンター、

二〇〇五年
[61] 日本放送協会『放送五十年史』日本放送出版協会、一九七七年
[62] ＲＫＢ毎日放送社史編纂小委員会編『放送この十年　ＲＫＢ毎日放送創立30周年記念』ＲＫＢ毎日放送、一九八一年
[63] ラジオ九州報道課編『九州水害と民間放送――発揮したその公共性』日本民間放送連盟、ＮＨＫ放送博物館蔵、一九五三年
[64] 東山一郎「テレビが登場した時代のラジオ」『放送研究と調査』六五巻四号、二〇一五年、二-一九頁
[65] ＮＨＫ報道の記録刊行委員会編『ＮＨＫ報道の50年――激動の昭和とともに』近藤書店、一九八八年
[66] 中部日本放送編『東海の虹――中部日本放送十年史』中部日本放送、一九六〇年
[67] ＮＨＫ広報室『新潟地震と放送』ＮＨＫ放送博物館蔵、一九六四年
[68] 對間英洋・岩城浩幸「インタビュー　１９６４年新潟地震を実況　災害報道は新潟地震から始まった」『調査情報』五五四号、二〇二〇年、二〇-二五頁
[69] ＮＨＫ新潟放送局『新潟地震』ＮＨＫ放送博物館蔵、一九六五年
[70] 尾池和夫『中国の地震・日本の地震』東方書店、一九七九年
[71] 鈴木誠之「長期的視点で「震災前報道」追求――社の枠超えた連携が必要（記者読本２０１８――記者となる君へ）」『新聞研究』八〇〇号、二〇一八年、二八-三一頁
[72] 杉村新『兵庫県震災対策調査報告書――六甲山周辺の活断層　昭和56年度』兵庫県、一九八一年
[73] 『神戸と地震』神戸市、一九七四年
[74] ＮＨＫ大阪放送局・七十年史編集委員会編『こちらＪＯＢＫ　ＮＨＫ大阪放送局七十年』日本放送協会大阪放送局、一九九五年

[75] 三条杜夫『いのち結んで——その時、被災放送局ＡＭ神戸は』神戸新聞総合出版センター、一九九六年

[76] ラジオ関西震災報道記録班『Radio——ＡＭ神戸69時間震災報道の記録』長征社、二〇〇二年

[77] 毎日放送『阪神大震災の被災者にラジオ放送は何ができたか』同朋舎出版、一九九五年

[78] 入江たのし「混沌の連続だったラジオと行政の歴史（特集 岐路に立つラジオの未来を描く）」『ぎゃらく』五三六号、二〇一四年、一二-一七頁

[79] ＦＭわぃわぃ「ヒストリー　神戸長田の多文化・多言語コミュニティ放送局」https://tcc117.jp/fmyy/history/（参照二〇二二年一月九日）

[80] ＭＢＳラジオ「ネットワーク１・17」https://www.mbs1179.com/117/（参照二〇二三年一二月一日）

[81] 消防庁災害対策本部、「平成23年（２０１１年）東北地方太平洋沖地震（東日本大震災）について（第１６１報）」https://www.fdma.go.jp/disaster/higashinihon/items/161.pdf（参照二〇二一年一二月二六日）

[82] 警察庁「焦点第２８１号　東日本大震災と警察」https://www.npa.go.jp/archive/keibi/syouten/syouten281/pdf/p02.pdf（参照二〇二一年一〇月二七日）

[83] 横尾泰輔・矢守克也「東日本大震災の初動報道に関する当事者分析——キャスター自身による分析・調査と実践的考察」『災害情報』一五巻二号、二〇一七年、一四九-一五九頁

[84] 藤田真文「ローカルテレビと東日本大震災——全15局の聞き取り調査から」丹羽美之・藤田真文編『メディアが震えた——テレビ・ラジオと東日本大震災』東京大学出版会、二〇一三年、三五-七二頁

[85] 総務省東北総合通信局「東日本大震災に際し開設された臨時災害放送局（ＦＭ放送）の状況」総務省 https://www.soumu.go.jp/soutsu/tohoku/rinziFM.html（参照二〇二一年一〇月二七日）

[86] 飯田豊編著『メディア技術史――デジタル社会の系譜と行方　改訂版』北樹出版、二〇一七年）
[87] 熊本県編『平成28年熊本地震――熊本県はいかに動いたか　初動・応急対応編』ぎょうせい、二〇一八年
[88] 熊本日日新聞朝刊「益城再建へ、伝え続けた「さいがいエフエム」閉局　放送1070回、住民を後押し　平成28年熊本地震」二〇一九年三月二七日
[89] 熊本日日新聞朝刊「善意つなぐネットの力　物資足りぬ　給水ここで　漏水教えて　SNS、新たなライフラインに」二〇一六年四月一九日
[90] 熊本日日新聞朝刊「熊本市長、ツイッターで支援募る　700人集合、断る事態に　うまかな・よかなスタジアム　平成28年熊本地震」二〇一六年四月二〇日
[91] 朝日新聞朝刊「ツイッターに「ライオン放たれた」　地震デマ投稿容疑で逮捕　熊本県警」二〇一六年七月二一日
[92] 伊藤友治・TBSラジオ編著『パック・イン・ミュージック――昭和が生んだラジオ深夜放送革命』DU BOOKS、二〇一五年
[93] 日本民間放送連盟放送研究所編『ラジオ白書』岩崎放送出版社、一九六四年
[94] 笹原和俊『フェイクニュースを科学する――拡散するデマ、陰謀論、プロパガンダのしくみ』化学同人、二〇二一年
[95] 笹原和俊「ウェブの功罪」『情報の科学と技術』七〇巻六号、二〇二〇年、三〇九-三一四頁
[96] 宇野常寛『遅いインターネット』幻冬舎、二〇二〇年
[97] radiko「ラジコとは?」https://radiko.jp/rg/about_radiko/（参照二〇二一年一〇月二三日）
[98] 宮本匠「災害復興における〝めざす〟かかわりと〝すごす〟かかわり」『質的心理学研究』一四巻一号、

二〇一五年、六-一八頁
〔99〕真木悠介『時間の比較社会学』岩波書店、二〇一二年
〔100〕小川博司「ラジオは衰退していくメディアなのか――複数のラジオの時代の「参加型コミュニケーション」をめぐって」『マス・コミュニケーション研究』七四巻、二〇〇九年、三一-四四頁
〔101〕矢守克也『〝生活防災〟のすすめ――東日本大震災と日本社会　増補版』ナカニシヤ出版、二〇一一年
〔102〕新村出編『広辞苑　第7版』岩波書店、二〇一八年
〔103〕共同通信「ラジコリスナー、コロナ禍で2割増　4月、在宅勤務影響か」https://www.47news.jp/4899859.html（参照二〇二〇年八月一七日）
〔104〕日本民間放送連盟「民放ラジオ開局一覧」https://j-ba.or.jp/category/data/jba101189（参照二〇二〇年八月一七日）
〔105〕radiko「あなたはAM派？ FM派？ おすすめのラジオ番組　radiko news」https://news.radiko.jp/article/edit/3205（参照二〇二一年一〇月二三日）
〔106〕小田貞夫「災害情報の伝達と放送メディアの役割」『放送学研究』四六号、一九九六年、三三-五五頁
〔107〕金尾雅彦「RCC中国放送　ラジオが伝えた7月豪雨災害――非常時の「最後の砦」になるために（特集 災害は伝わったか）」『Journalism』三四二号、二〇一八年、一三-一八頁
〔108〕樋口耕一「テキスト型データの計量的分析――2つのアプローチの峻別と統合」『理論と方法』一九巻一号、二〇〇四年、一〇一-一一五頁
〔109〕気象庁「気象庁技術報告　平成28年（2016年）熊本地震の概要」https://www.jma.go.jp/jma/kishou/books/gizyutu/135/ABSTJ.pdf（参照二〇二二年一月一〇日）
〔110〕稲月正「熊本地震における車中避難の選択理由と生活上の困難」『西日本社会学会年報』一六巻、二〇

一八年、五-二二頁
[111] 長谷川寿一「共感性研究の意義と課題」『心理学評論』五八巻三号、二〇一五年、四一一-四二〇頁
[112] 澤田瑞也『共感の心理学――そのメカニズムと発達』世界思想社、一九九二年
[113] 梅田聡「共感の科学――認知神経科学からのアプローチ」梅田聡編『共感　岩波講座コミュニケーションの認知科学2』岩波書店、二〇一四年、一-三〇頁
[114] 串崎真志ほか「共感は可能か?――関西大学大学院心理学研究科シンポジウム概括」『関西大学心理学研究』四巻、二〇一三年、一-二四頁
[115] 加藤元一郎「共感の病理」梅田聡編『共感　岩波講座コミュニケーションの認知科学2』岩波書店、二〇一四年、一二三-一三八頁
[116] 渥美公秀「阪神・淡路大震災の「記憶」を伝える」標葉隆馬編『災禍をめぐる「記憶」と「語り」』ナカニシヤ出版、二〇二一年、四三-六九頁
[117] 総務省「放送を巡る諸課題に関する検討会　地域における情報流通の確保等に関する分科会（第2回）配布資料」熊本放送「地域における情報流通の確保等に関する分科会への報告」https://www.soumu.go.jp/main_content/000454482.pdf（参照二〇二二年一月三日）
[118] 毎日放送報道局『阪神大震災MBS報道の記録』毎日放送、一九九五年
[119] 日本防火・防災協会「防災まちづくり大賞20年　第7回受賞　ラジオ番組「ネットワーク1・17」は走り続ける」https://www.n-bouka.or.jp/local/pdf/2017_04_32.pdf（参照二〇二三年六月二一日）
[120] 渡辺実「阪神・淡路大震災から5年――ラジオが築いた被災者との絆」『ぎゃらく』三六八号、二〇〇〇年、四〇-四三頁
[121] FEMA「Emergency Management in the United States - FEMA Training」https://training.fema.

gov/emiweb/downloads/is111_unit%204.pdf（参照 二〇二一年一〇月二三日）
[122] FEMA「Independent Study Program(IS)IS-111.A:Livestock in Disasters,Livestock in Disasters」https://training.fema.gov/is/courseoverview.aspx?code = is-111.a（参照 二〇二一年一〇月二三日）
[123] 廣井脩『災害報道と社会心理』中央経済社、一九八七年
[124] 川端信正・廣井脩「阪神・淡路大震災とラジオ放送」『東京大学社会情報研究所調査研究紀要』七巻、一九九六年、八三-九五頁
[125] 三上俊治「阪神・淡路大震災における安否放送の分析」『東洋大学社会学部紀要』三九巻一号、二〇〇二年、一一九-一三三頁
[126] 松本早野香「臨時災害放送局に求められるコンテンツと地域メディアとしての役割――「りんごラジオ」放送記録分析から」『人間生活文化研究』二〇一九巻二九号、二〇一九年、六八二-六九四頁
[127] 佐藤翔輔・今村文彦・林春男「東日本大震災について報じられたウェブニュースコーパスの基礎的解析」『地域安全学会論文集』一五巻、二〇一一年、三〇三-三一一頁
[128] 佐久嶋研・佐々木秀直・田代邦雄「テキストマイニングを用いた学会誌論文タイトルの時系列分析――日本神経学会誌『臨床神経学』の分析」『医療情報学』三二巻六号、二〇一二年、三一五-三二一頁
[129] 尾池和夫『活動期に入った地震列島』岩波書店、一九九五年
[130] 阪神・淡路大震災復興フォローアップ委員会監修兵庫県編『伝える　改訂版』ぎょうせい、二〇一六年
[131] 神戸新聞ＮＥＸＴ「阪神・淡路大震災特集 年表でたどる阪神・淡路大震災」https://www.kobe-np.co.jp/rentoku/sinsai/chronicle/（参照 二〇二〇年六月二一日）

[132] 角田豊「共感についての臨床心理学的研究——法則定立的研究と個性記述的研究の相補的結合をめざして」京都大学博士論文、一九九七年 https://repository.kulib.kyoto-u.ac.jp/dspace/bitstream/2433/68754/1/D_Kakuta_Yutaka.pdf（参照二〇二三年六月二一日）

[133] 小川光・家守信善『ミクロ経済学の基礎』中央経済社、二〇一六年、一五〇-一五五頁

[134] 神戸市「震災復興土地区画整理事業」https://www.city.kobe.lg.jp/a13150/shise/kekaku/jutakutoshikyoku/adjustment/shinsaifukko.html（参照 二〇二二年九月一三日）

[135] 総務省「マルチメディア放送」https://www.soumu.go.jp/soutsu/kinki/housou/multimedia/index.html（参照二〇二三年六月二一日）

[136] i-dio「新放送サービス　i-dio 放送終了のお知らせ」https://www.i-dio.jp/（参照二〇二三年六月二一日）

[137] 村上圭子「V-Low マルチメディア放送「i-dio」、放送終了へ」『放送研究と調査』二〇二〇年二月号

[138] 仁平典宏「〈災間〉の思考——繰り返す3・11の日付のために」赤坂憲雄・小熊英二編著『「辺境」からはじまる　東京／東北論』明石書店、二〇一二年

[139] 矢守克也・中野元太「「ポスト東日本大震災／プレ南海トラフ地震」について再考する」『自然災害科学』四〇巻四号、二〇二二年、四二七-四三九頁

[140] 遠藤由美「共感の科学　認知神経科学からのアプローチ」梅田聡編『共感　岩波講座コミュニケーションの認知科学2』岩波書店、二〇一四年、七九-九九頁

[141] レベッカ・ソルニット『災害ユートピア——なぜそのとき特別な共同体が立ち上がるのか』高月園子訳、亜紀書房、二〇一〇年

【資料】ラジオ一〇〇社へのアンケート設問

【回答者の属性】

問1　貴局名（名称を記述）

問2　主として担当している分野（回答は一つ）

1編成　2制作（プロデューサーやディレクター）　3営業　4出演者（パーソナリティー、アナウンサーなど）　5その他（具体的に記述）

問3　年齢

□二〇代　□三〇代　□四〇代　□五〇代　□六〇代もしくはそれ以上

問4　現在の職種での経験（トータル）

□五年未満　□五年以上一〇年未満　□一〇年以上二〇年未満　□二〇年以上

問5　主にかかわっている番組の種類（回答は一つ）

1報道・情報系　2スポーツ系　3エンターテインメント系　4その他（具体的に記述）

【ラジオ局の態勢】

問6　貴局でラジオ番組の制作に携わっているのはおおむね年人ですか（営業や技術を除く）。（人数を記述）

問7　ラジオ番組の制作にかかわる人のうち、貴局正社員の割合はおおむねどのくらいですか。

□二割未満　□二～四割　□五割程度　□六～八割　□八割以上

【日常の放送の実態】

問8　日常の番組制作でどのような点を大切にしていますか。あえて順位をつけて三つお選びください。

1上質なコンテンツ　2面白い、または興味深いコンテンツ　3リスナーとの距離感　4地域密着性　5番組の収益性　6聴取率（重要度一位から三位を記入）

【災害放送の実態】

問9　貴局では放送エリア内で起きた自然災害について報道した経験がありますか（「自然災害」とは放送エリアが被災し、住宅やライフラインに被害が出るような災害を想定しています。またこの場合の「報道」は、一般的なニュースなどの扱いを超えて、その災害の話題を特別に取り上げたという広い意味でお考えください）。災害が複数ある場合は最も記憶に残る災害について一つだけお選びください。（回答は一つ）

1自分自身がかかわる番組で災害についての報道をした（具体的な名称を記述）　2自分自身はかかわっていないが、自局が過去に災害について報道したことがあると聞いている（具体的な名称を記述）　3自分自身も、局としても災害や災害について報道した経験はない

問10　その災害において、ラジオとして取材活動をすることはできましたか。

1取材活動をした（直接出向いた・電話取材のみから選択）　2取材活動をすることはできなかった　3その他（具体的に記述）

問11　災害情報のソースは主にどのようなものでしたか。（最も中心的なものを三つまで選択）

1ラジオ独自の取材　2自社テレビの取材や自社テレビからの情報　3外部からの情報（協力関係にある通信社・新聞社など）　4行政機関などからの情報　5ボランティア団体やＮＰＯなどからの情報　6リスナーからの情報や声（メール電話ＦＡＸなど）　7その他（具体的に記述）

問12　災害に際して，主にどのように番組を編成しましたか。（当てはまるものをすべて選択）

【資料】ラジオ一〇〇社へのアンケート設問

1特別番組を編成した　2ニュース枠を拡大した　3通常番組の枠を維持し、番組内で災害情報を伝えた　4災害に関する特別な報道はしていない　5その他（具体的に記述）

問13　情報を発信する際，どこに向けてのどんな放送を重視しましたか。（最も重視したものを一つ選択）

1被災地の被害状況や被災者の声を全国へ発信しようとした　2被災地の外から被災者への激励、元気づけるメッセージを被災地に届けようとした　3被災者相互のコミュニケーションの手助け、相互の励ましとなる情報を届けようとした

問14　ラジオ特有の災害放送ができたと感じた点はありましたか。

1あった（具体的に記述）　2特になかった

問15　問14で1と答えた方、そのとき放送で心がけたことはなんですか。（最も中心的なものを三つまで選択）

1被災地でデマや不正確な情報が広がるのを防いだ　2被災者に役立つ地域のきめ細かな支援情報やライフラインの情報を流した　3被災者の不安や困っていることを丁寧にくみ上げ一人ひとりのニーズに応えようとした　4被災者やその関係者（知人・家族など）が被災地の状況を把握できるような放送を心がけた　5被災者どうしの励ましや共感が得られるようなメッセージをできる限り放送した　6日常の放送に近い形態で被災者が笑ったりほっとしたりできる放送をした　7被災地外から被災者への応援メッセージを伝えようとした　8被災地外でも被害の状況を共有できるような情報を流した　9被災地外からの応援に役立つ道路などの被害情報や復旧情報を流した　10被災地に向けた支援を仰げるよう、被災者の声を全国に発信しようとした　11その他（具体的に記述）

問16　日常の放送でおこなっていたことで、災害放送に生かされた点はありましたか。

1あった　2なかった

問17　問16で1と答えた方、それはどのような点でしたか。（当てはまるものをすべて選択）

1双方向の放送に力を入れていたことでリスナーから情報が数多く寄せられた　2専門家とコミュニケーションをとっていたことで正確な情報を流すことができた　3災害マニュアルの整備、もしくは災害訓練の実施でスタッフが適切に動くことができた4災害時を想定した技術を構築していたことで支障なく放送が継

続できた　5その他（具体的に記述）

問18　ラジオの災害放送に関して書ききれなかったエピソードや反省点、実際のリスナーからの反響などがあれば自由にお書きください。（自由記述）

問19　すべての方にお聞きします。自然災害において、被害の状況以外にラジオが特に力を入れて発信すべき情報はどのようなものだと思いますか。（力を入れるべき度合い「特に力を入れるべき」～「全く力を入れなくてよい」まで五段階の数字に○をつける）

1国レベルの支援情報や政府の動き　2都道府県レベルの支援策や行政の情報　3市町村ごとの支援情報や避難所情報、ライフラインなどの情報　4町丁目単位のライフラインや交通の復旧情報　5リスナーから寄せられる支援情報や復旧情報　6デマに惑わされない正確な情報　7災害以外の落ち着いたり安心できたりする話題や音楽

問20　問19の回答で書き足りなかったことがあれば自由にお書きください。（自由記述）

【災害放送への備え】

問21　貴局ラジオでは、深夜や早朝の突然の災害などにどのように対応しますか。（一つのみ回答）

1宿泊勤務や遅出・早出などの勤務者が対応　2宿泊や遅出・早出の勤務はなく近隣に住んでいるスタッフが駆けつけ対応　3ほとんど対応できない　4その他（具体的に記述）

問22　貴局では災害時の放送について、十分対応できると考えていますか。（一つのみ回答）

1人材や技術を活用してなんとか災害放送ができると思う　2十分な災害放送には不安がある　3その他（具体的に記述）

問23　問22で「不安がある」と答えた方、それはどんな部分に不安があるからですか。（当てはまるものをすべて選択）

1設備などの技術面　2人員の不足　3災害対応の経験不足、または準備ができていない　4その他（具体的に記述）

問24　不安の内容について、さしつかえなければ具体的にお書きください。（自由記述）

問25　災害時のラジオはどんな放送をこころがけるべきだと思いますか。そのためには日頃からどんな準備や放送をしていけばいいでしょうか。（自由記述）

【COVID-19に関する放送】

問26　新型コロナウイルス感染拡大にともなう状況についてすべての方にお聞きします。感染拡大によって番組にどのような影響がありましたか。（当てはまるものをすべて選択）

1パーソナリティーやゲストがスタジオに出演できなくなった　2在宅勤務などによって番組制作にかかわる人的リソースが不足した　3取材やロケに出られないことなどで番組コンテンツが不足した　4取材やロケに出られないことなどで番組内容の変更・休止を迫られた　5番組提供が打ち切られたことなどで番組内容の変更・休止を迫られた　6その他（具体的に記述）

問27　新型コロナウイルスに関する話題をどのようなかたちで取り上げていますか。（当てはまるものをすべて選択）

1新型コロナウイルスに関する「コーナー」を設けている　2リスナーの声や悩みを随所で紹介している　3新型コロナウイルスに関する取材をしている　4専門家や識者の話を紹介している　5新型コロナウイルスについて特に取り上げていない　6その他（具体的に記述）

問28　新型コロナウイルスに関しての放送でどのような点を心がけていますか．（当てはまるものをすべて選択）

1感染の広がりや感染者などの動向をできるだけ丁寧に伝える　2国や行政機関の発表、会見を詳しく伝える　3感染予防のノウハウをパーソナリティーなどがわかりやすく伝える　4リスナーからの声を拾い上げ、地域や一人ひとりの状況を把握して具体的に伝える　5リクエストなどに応じて気持ちが和らぐような音楽や娯楽の要素がある内容を放送する　6その他（具体的に記述）

問29　新型コロナウイルスに関連して番組制作上困っていることはありますか．（当てはまるものをすべて選択）

1感染がいつおさまるのか先が見えないため、いつまでどの程度「新型コロナ」について取り上げればいいのか、通常の番組に戻せばいいのかなど計画が立てられない　2どの専門家の主張を取り上げてよいのか判断に迷う　3影響を受けるのは感染者だけでなく休業要請や休校、外出自粛の対象者など範囲が広く、困っている人の声をすべて拾い上げることができない　4新型コロナ以外の話題を気軽に取り上げられない　5自然災害と異なり経験のない事態であるため、放送内容や局内の感染対策について判断ができないことが多い　6その他（具体的に記述）

問30　新型コロナウイルス関連の放送にまつわることで、気づいたことがあれば自由にお書きください。（自由記述）

問31　災害などに限らず、これからのラジオのあり方についてあなたが考えていることを自由にお書きください。（自由記述）

あとがき

本書は兵庫県立大学大学院減災復興政策研究科で受理された博士論文がベースになっている。書籍化にあたって読み直すと考察の浅い箇所がところどころあり、冷汗の出る思いだった。至らない学生を粘り強く指導してくださった室﨑益輝先生や澤田雅浩先生にあらためて感謝を申し上げたい。

当時の研究科長・室﨑先生が研究生活の最後の三年をかけて、いわゆる博士課程を創設されると聞いたのは、二〇一八年夏のオープンキャンパスでのことだ。長らく災害報道に携わった身にはずっと心に引っかかっていることがあった。放送は「流れては消えていくもの」。ひとつが終わればまた次が控えている。取材でインプット、放送でアウトプットをしているようで、なぜか「残っていかない」。災害では人の傷をえぐり出すような取材をすることもあるが、そうまでして得たことを俯瞰する余裕もなかった。漠然と、修士課程で自分の仕事を振り返ってみたいと考えていた。オープンキャンパスの日、カリキュラムの説明を受け「勤務の調整がつかない……」と半ばあきらめて帰ろうとしていた。そのとき、取材ですでによく存じ上げていた澤田先生が言ったのだ。「博士、いっちゃいましょう。室崎先生の最後の弟子になれるかもしれませんよ」。思えばあれは悪魔のささやきだった。室崎先生の見識だけでなく被災地・被災者と向き合うその人間性を心底尊敬していた私は、それがどんな無謀なことかも知らずに入試を受け、そして入学してしまった。コロナ禍が始まる前年、二〇一九年のことである。

論文の最初のテーマは、自分がかかわったラジオ番組「ネットワーク1・17」と決まったが、分析は難航した。「集団主義の指導」を掲げる研究科のあらゆる先生方が助けてくださった。ところが年が明けると世の中の雲行きが怪しくなってきた。二〇二〇年三月にＲＫＫ熊本放送ラジオでヒアリング調査をすることができたのはギリギリのタイミングであった。新型コロナウイルス感染症の拡大により、四月からはオンライン授業が一斉に始まった。「ヒアリング調査を先方から断られた」という学生も増えてきた。さまざまな学会が大会をオンラインに切り替えた。会社はテレワーク不可の業務だったため毎日通勤していたが、電車も街も社内も閑散とし、世界が呼吸を止めたようだった。「自分の研究はどうなってしまうのだろう」と漠然とした不安を抱え、あてもなく文献を読んだ。おそらく日本中の学生が同じ心境だっただろう。しかし間もなく室崎先生は、博士に関しては対面を優先させ、マスク越しでの指導を開始された。霧が晴れたような気がした。民放ラジオ全社アンケート調査を行ったのもこのころである。ラジオ局の下調べ・発送作業・分析は学生仲間が助けてくれた。全国のラジオ担当者からは叫びに近い声が寄せられ、回答用紙を読むたび胸が熱くなった。ＲＫＫラジオから提供を受けたリスナーのメール分析も開始した。このメールも胸を打つものだった。何度も読み返すうちに文面を読めばラジオネームが思い浮かぶほどになった。問い合わせに度々答えてくださったRKK熊本放送の畑中雄治氏には感謝している。大学院には必ず週一回通うと決めていた。室﨑ゼミで研究方針を相談し、そのまま澤田ゼミに直行して戦略を立てる。そのあと講義を受け会社に戻る。このルーティーンを守った。といっても先生方にもスケジュールがある。夕方、定時勤務を終えるころ室﨑先生が会社の近くまで訪ねてきて「出張ゼミ」を開いてくださることもしばしばあった。悔やまれるとすれば、減災復興研究を主眼とし「現場主義」の大学院に籍を置きながら被災地のフィールドワークにほとんど参加できなかったことだろう。それぐらい時間に追われた三年間だった。二〇二二年の修了式はマスク着用ではあったがリアルの会場で開かれ、研究科の部屋では卒業生一同から先生方に花束もお渡しすることができた。ひとりでは何もできなかった学生生活であった。ここにお名前を挙げられない大勢の方々、記者時代に多くのことを教えてくださった故・廣井脩先生、そして理解を示し応援してくれた職場と家族にも感謝したい。また未熟な論文の書籍化にあたり寛容な態度でご助言をいただいた編集者の酒井敏行氏にもお礼申し上げる。

　阪神・淡路大震災という強烈な「喪失体験」がなければいまの自分はないと思う。一九九四年、「近畿にも直下型地震の恐れ」というテーマで六甲の活断層などを取り上げる一・五時間の特別番組の企画書を書いた。特番は一九九五年三月に放送される予定だった。地震とはどんなことなのか、ただ地面が揺れることではなく、人が亡くなり生き残った人々の人生を変え復興への長い長い苦難の道のりを歩むことだと、震災以前の「地震記者」であった自分は何も理解していなかった。住んでいたのは大阪で被災もせず、地震直後は「お前ひとりぐらい冷静になれ！」とデスクに一喝されしばらく本社で内勤遊軍しかさせてもらえなかった。災害報道に没頭したのは「罪滅ぼし」のためとしか感じられなかった。そんな部外者がラジオの災害番組にかかわり、パーソナリティーやリスナーが作りあげていた共同体の中に徐々に溶け込ませてもらった。被災地の外から共感を送ろうとしていた人間は筆者自身かもしれない。ラジオは「初めまして」とやってくるリスナーも喜んで迎える。「ラジオ」はただの受信機でも音声でもなくそれを取り巻く「共同体」全体を指す。将来、ラジオの形態が変化することになっても、災害時に被災地と被災地の外をまるごと包み込むような共同体が存在し続け、災害復興と新しい共生社会を作る一助となってほしいと願う。

大牟田智佐子

本書は「日本学術振興会科学研究費補助金（学術図書）（課題番号：23HP5130）」の交付を受けて刊行される。

事項索引

人名索引

著者略歴

大牟田智佐子（おおむた　ちさこ）（旧姓　田中）

毎日放送報道情報局報道業務部　部次長

1990年同志社大学文学部英文学科卒業　2022年兵庫県立大学大学院減災復興政策研究科博士後期課程修了　学術博士

1990年毎日放送入社。1994年テレビの「地震記者」となり地震のメカニズムを中心に取材し、半年後に阪神・淡路大震災を迎える。1998年から2010年までラジオ報道の「災害報道専門記者」として災害番組「ネットワーク1・17」のプロデューサーを務め、被災者・ボランティア・遺族そして研究者らとの交流を深める。現在はニュース映像のアーカイブを担当。

大災害とラジオ

共感放送の可能性

2024 年 1 月 31 日　初版第 1 刷発行
2024 年 5 月 10 日　初版第 2 刷発行

著　者　大牟田智佐子
発行者　中西　良
発行所　株式会社ナカニシヤ出版
〒 606-8161 京都市左京区一乗寺木ノ本町 15 番地
TEL 075-723-0111　FAX 075-723-0095
http://www.nakanishiya.co.jp/

装幀＝宗利淳一デザイン
印刷・製本＝亜細亜印刷

＊落丁・乱丁本はお取替え致します。
ISBN978-4-7795-1769-3　C0036